住房和城乡建设部标准定额研究所　　建设工程造价技术资料

市政工程消耗量

ZYA 1−31−2021

第二册　道路工程

SHIZHENG GONGCHENG XIAOHAOLIANG
DI-ER CE DAOLU GONGCHENG

中国计划出版社
北　京

图书在版编目（CIP）数据

市政工程消耗量 : ZYA1-31-2021. 第二册, 道路工程 / 住房和城乡建设部标准定额研究所组织编制. -- 北京 : 中国计划出版社, 2022.2
ISBN 978-7-5182-1386-3

Ⅰ. ①市… Ⅱ. ①住… Ⅲ. ①市政工程－消耗定额－中国②道路工程－消耗定额－中国 Ⅳ. ①TU723.34 ②U415.13

中国版本图书馆CIP数据核字(2021)第248510号

责任编辑：张 颖　　封面设计：韩可斌
责任校对：杨奇志 谭佳艺　　责任印制：赵文斌 李 晨

中国计划出版社出版发行
网址：www.jhpress.com
地址：北京市西城区木樨地北里甲11号国宏大厦C座3层
邮政编码：100038 电话：(010)63906433(发行部)
北京市科星印刷有限责任公司印刷

880mm×1230mm 1/16 7.5印张 218千字
2022年2月第1版 2022年2月第1次印刷

定价：50.00元

前　言

工程造价是工程建设管理的重要内容。以人工、材料、机械消耗量分析为基础进行工程计价，是确定和控制工程造价的重要手段之一，也是基于成本的通用计价方法。长期以来，我国建立了以施工阶段为重点，涵盖房屋建筑、市政工程、轨道交通工程等各个专业的计价体系，为确定和控制工程造价、提高我国工程建设的投资效益发挥了重要作用。

随着我国工程建设技术的发展，新的工程技术、工艺、材料和设备不断涌现和应用，落后的工艺、材料、设备和施工组织方式不断被淘汰，工程建设中的人材机消耗量也随之发生变化。2020年我部办公厅发布《工程造价改革工作方案》（建办标〔2020〕38号），要求加快转变政府职能，优化概算定额、估算指标编制发布和动态管理，取消最高投标限价按定额计价的规定，逐步停止发布预算定额。为做好改革期间的过渡衔接，在住房和城乡建设部标准定额司的指导下，我所根据工程造价改革的精神，协调2015年版《房屋建筑与装饰工程消耗量定额》《市政工程消耗量定额》《通用安装工程消耗量定额》的部分主编单位、参编单位以及全国有关造价管理机构和专家，按照简明适用、动态调整的原则，对上述专业的消耗量定额进行了修订，形成了新的《房屋建筑与装饰工程消耗量》《市政工程消耗量》《通用安装工程消耗量》，由我所以技术资料形式印刷出版，供社会参考使用。

本次经过修订的各专业消耗量，是完成一定计量单位的分部分项工程人工、材料和机械用量，是一段时间内工程建设生产效率社会平均水平的反映。因每个工程项目情况不同，其设计方案、施工队伍、实际的市场信息、招投标竞争程度等内外条件各不相同，工程造价应当在本地区、企业实际人材机消耗量和市场价格的基础上，结合竞争规则、竞争激烈程度等参考选用与合理调整，不应机械地套用。使用本书消耗量造成的任何造价偏差由当事人自行负责。

本次修订中，各主编单位、参编单位、编制人员和审查人员付出了大量心血，在此一并表示感谢。由于水平所限，本书难免有所疏漏，执行中遇到的问题和反馈意见请及时联系主编单位。

住房和城乡建设部标准定额研究所

2021年11月

总 说 明

一、《市政工程消耗量》(以下简称本消耗量),共分十一册,包括:

第一册　土石方工程

第二册　道路工程

第三册　桥涵工程

第四册　隧道工程

第五册　市政管网工程

第六册　水处理工程

第七册　生活垃圾处理工程

第八册　路灯工程

第九册　钢筋工程

第十册　拆除工程

第十一册　措施项目

二、本消耗量适用于城镇范围内的新建、扩建和改建市政工程。

三、本消耗量以国家和有关部门发布的国家现行设计规范、施工验收规范、技术操作规程、质量评定标准、产品标准和安全操作规程,现行工程量清单计价规范、计算规范和有关指标为依据编制,并参考了有关地区和行业标准、指标,以及典型工程设计、施工和其他资料。

四、本消耗量按正常施工工期和施工条件,考虑企业常规的施工工艺,合理的施工组织设计进行编制。

1. 设备、材料、成品、半成品、构配件完整无损,符合质量标准和设计要求,附有合格证书和试验记录。

2. 正常的气候、地理条件和施工环境。

五、本消耗量未包括的项目,可按其他相应工程消耗量计算,如仍有缺项的,应编制补充消耗量。

六、关于人工:

1. 本消耗量中的人工以合计工日表示,并分别列出普工、一般技工和高级技工的工日用量。

2. 本消耗量中的人工包括基本用工、超运距用工、辅助用工和人工幅度差。

3. 本消耗量中的人工每工日按 8 小时工作制计算。

4. 机械土石方、桩基础、构件运输及安装等工程,人工随机械产量计算的,人工幅度差按机械幅度差计算。

七、关于材料:

1. 本消耗量中的材料(包括构配件、零件、半成品、成品)均为符合国家质量标准和相应设计要求的合格产品。

2. 本消耗量中的材料包括施工中消耗的主要材料、辅助材料、周转材料和其他材料。

3. 本消耗量中的材料用量包括净用量和损耗量。损耗量包括:从工地仓库、现场集中堆放地点(或现场加工地点)至操作(或安装)地点的施工场内运输损耗、施工操作损耗、施工现场堆放损耗等,规范(设计文件)规定的预留量、搭接量不在损耗率中考虑。

4. 本消耗量中的混凝土、沥青混凝土、砌筑砂浆、抹灰砂浆及各种胶泥等均按半成品用量以体积(m^3)表示,混凝土按运至施工现场的预拌混凝土编制,砂浆按预拌砂浆编制,消耗量中的混凝土均按自然养护考虑。

5. 本消耗量中所使用的混凝土均按预拌混凝土编制,若实际采用现场搅拌混凝土浇捣时,人工、材料、机械具体调整如下:

(1)合计工日增加 4.125 工日 /$10m^3$,其中普工增加 1.237 工日 /$10m^3$,一般技工增加 2.888 工日 /$10m^3$。

（2）水增加 0.38m^3/10m^3。

（3）双锥反转出料混凝土搅拌机（500L）增加 0.3 台班 /10m^3。

6. 本消耗量中所使用的砂浆均按干混预拌砂浆编制，若实际使用现拌砂浆或湿拌预拌砂浆时，按以下方法调整：

（1）使用现拌砂浆的，除将干混预拌砂浆调换为现拌砂浆外，砌筑项目按每立方米砂浆增加：一般技工 0.382 工日、200L 灰浆搅拌机 0.167 台班，同时，扣除原干混砂浆罐式搅拌机台班；其余项目按每立方米砂浆增加一般技工 0.382 工日，同时，将原干混砂浆罐式搅拌机调换为 200L 灰浆搅拌机，台班含量不变。

（2）使用湿拌预拌砂浆的，除将干混预拌砂浆调换为湿拌预拌砂浆外，另按相应项目中每立方米砂浆扣除人工 0.20 工日，并扣除干混砂浆罐式搅拌机台班数量。

7. 本消耗量中的周转性材料按不同施工方法，不同类别、材质，计算出一次摊销量进入消耗量。

8. 本消耗量中的用量少、低值易耗的零星材料，列为其他材料。

八、关于机械：

1. 本消耗量中的机械按常用机械、合理机械配备和施工企业的机械化装备程度，并结合工程实际综合确定。

2. 本消耗量的机械台班用量是按正常机械施工工效并考虑机械幅度差综合取定的。

3. 凡单位价值 2 000 元以内、使用年限在一年以内的不构成固定资产的施工机械，不列入机械台班消耗量，作为工具用具在建筑安装工程费中的企业管理费考虑，其消耗的燃料动力等列入材料。

九、本消耗量中的工作内容已说明了主要的施工工序，次要工序虽未说明，但已包括在内。

十、施工与生产同时进行、在有害身体健康的环境中施工时的降效增加费，本消耗量未考虑，发生时另行计算。

十一、本消耗量适用于海拔 2 000m 以下地区，超过上述情况时，可以采用由各地区、部门结合高原地区的特殊情况自行制定的调整办法。

十二、本消耗量中注有“× × 以内”或“× × 以下”及“小于”者，均包括 × × 本身；注有“× × 以外”或“× × 以上”及“大于”者，则不包括 × × 本身。

说明中未注明（或省略）尺寸单位的宽度、厚度、断面等，均以“mm”为单位。

十三、凡本说明未尽事宜，详见各册、各章说明和附录。

册　说　明

一、第二册《道路工程》(以下简称“本册”),包括路基处理、道路基层、道路面层、人行道及其他、交通管理设施,共五章。

二、本册适用于城镇范围内的新建、扩建、改建的市政道路工程。

三、本册编制依据:

1.《市政工程工程量计算规范》GB 50857—2013;

2.《市政工程消耗量定额》ZYA 1-31-2015;

3. 现行的市政工程设计、施工验收规范,安全操作规程,质量评定标准等。

四、道路工程中的排水项目,执行第五册《市政管网工程》相应项目。

五、凡本册说明未尽事宜,详见各章节说明。

目 录

第一章 路基处理

说明 ……………………………………………………（3）
工程量计算规则 ……………………………………（4）
一、预压地基 ………………………………………（5）
1. 堆载预压……………………………………（5）
2. 真空预压……………………………………（6）
二、强夯地基 ………………………………………（7）
1. 满夯…………………………………………（7）
2. 点夯…………………………………………（8）
三、掺石灰 …………………………………………（11）
1. 人工…………………………………………（11）
2. 机械…………………………………………（12）
四、掺砂石 …………………………………………（12）
1. 掺配砂………………………………………（12）
2. 掺配砾石……………………………………（13）
五、抛石挤淤 ………………………………………（13）
六、袋装砂井 ………………………………………（14）
七、塑料排水板 ……………………………………（15）
八、振冲桩（填料） ………………………………（15）
九、振动砂石桩 ……………………………………（16）
十、水泥粉煤灰碎石桩（CFG）……………………（16）
十一、水泥搅拌桩……………………………………（17）
1. 深层水泥搅拌桩……………………………（17）
2. 钉型水泥土双向搅拌桩……………………（18）
十二、高压水泥旋喷桩 ……………………………（18）
十三、石灰桩 ………………………………………（20）
十四、地基注浆 ……………………………………（21）
1. 分层注浆……………………………………（21）
2. 压密注浆……………………………………（22）
十五、褥垫层 ………………………………………（22）
1. 砂垫层………………………………………（22）
2. 石屑垫层……………………………………（23）
3. 炉渣垫层……………………………………（23）
十六、土工合成材料…………………………………（24）
十七、排水沟、截水沟 ……………………………（25）
十八、盲沟 …………………………………………（26）
十九、改换炉渣、片石 ……………………………（26）
二十、毛渣换填 ……………………………………（27）
二十一、碎砖换填 …………………………………（27）
二十二、机械翻晒 …………………………………（28）

第二章 道路基层

说明 ……………………………………………………（31）
工程量计算规则 ……………………………………（32）
一、路床整形 ………………………………………（33）
二、石灰稳定土摊铺…………………………………（34）
三、水泥稳定土摊铺…………………………………（35）
四、石灰、粉煤灰、土摊铺 ………………………（36）
五、石灰、碎石、土摊铺 …………………………（38）
六、石灰、粉煤灰、碎（砾）石摊铺 ……………（39）
七、粉煤灰摊铺 ……………………………………（39）
八、矿渣摊铺 ………………………………………（40）
九、砂砾石摊铺（天然级配）………………………（40）
十、卵石摊铺 ………………………………………（41）
十一、碎石摊铺 ……………………………………（41）
十二、块石摊铺 ……………………………………（42）
十三、山皮石摊铺 …………………………………（42）
十四、粉煤灰三渣摊铺 ……………………………（43）
十五、水泥稳定碎（砾）石摊铺 …………………（44）
十六、沥青稳定碎石摊铺 …………………………（45）
十七、多合土养生 …………………………………（46）
十八、消解石灰 ……………………………………（46）

第三章 道路面层

说明 ……………………………………………………（49）
工程量计算规则 ……………………………………（50）
一、沥青表面处治 …………………………………（51）
二、沥青贯入式路面…………………………………（52）
三、透层、黏层………………………………………（53）
1. 透层…………………………………………（53）
2. 黏（粘）层 …………………………………（53）
四、封层 ……………………………………………（54）
五、沥青混凝土路面…………………………………（55）
1. 粗粒式………………………………………（55）
2. 中粒式………………………………………（56）
3. 细粒式………………………………………（57）
4. 彩色沥青混凝土路面………………………（58）

5. 透水沥青混凝土路面（OCFG-13）……………（59）
6. 改性沥青 SMA 路面 ……………………………（59）
六、水泥混凝土路面………………………………（60）
1. 预拌混凝土………………………………………（60）
2. 水泥混凝土养生…………………………………（60）
3. 水泥混凝土拉防滑条、刻纹 ……………………（61）
4. 伸缩缝……………………………………………（61）
5. 透水混凝土路面…………………………………（63）
6. 透水彩色水泥混凝土路面………………………（64）
七、块料面层路面 …………………………………（65）
1. 人工………………………………………………（65）
2. 机械………………………………………………（65）
八、其他 ……………………………………………（66）
1. 铺装玻璃纤维格栅………………………………（66）
2. 土工布贴缝………………………………………（66）

第四章　人行道及其他

说明 ………………………………………………（69）
工程量计算规则 …………………………………（70）
一、人行道整形碾压………………………………（71）
二、人行道板安砌 …………………………………（71）
三、人行道块料铺设………………………………（72）
四、混凝土人行道 …………………………………（74）
五、安砌侧（平、缘）石 …………………………（75）
1. 垫层………………………………………………（75）
2. 侧缘石安砌………………………………………（76）
3. 侧平石安砌………………………………………（77）
六、现浇侧（平、缘）石 …………………………（77）
七、侧（平、缘）石模板 …………………………（78）
八、检查井升降 ……………………………………（78）
九、砌筑树池 ………………………………………（79）
十、多合土运输 ……………………………………（80）
十一、运输小型构件………………………………（81）
1. 人力运输…………………………………………（81）
2. 汽车运输…………………………………………（81）
十二、场内运混凝土（熟料）……………………（82）
1. 双轮车场内运输混凝土…………………………（82）
2. 机动翻斗车运输混凝土…………………………（82）
十三、汽车运水 ……………………………………（83）

第五章　交通管理设施

说明 ………………………………………………（87）
工程量计算规则 …………………………………（88）
一、交通标志杆安装………………………………（89）
二、门架安装 ………………………………………（90）
三、标志牌安装 ……………………………………（91）
四、视线诱导器 ……………………………………（92）
五、标线 ……………………………………………（93）
六、标记 ……………………………………………（94）
七、横道线 …………………………………………（95）
八、清除标线 ………………………………………（96）
九、环形检测线圈敷设 ……………………………（96）
十、值警亭安装 ……………………………………（97）
十一、道路隔离护栏安装 …………………………（97）
十二、波形栏杆 ……………………………………（98）
十三、隔离栅 ………………………………………（99）
1. 立柱………………………………………………（99）
2. 网面………………………………………………（100）
十四、架空走线安装………………………………（100）
十五、信号灯、灯架安装 …………………………（101）
十六、设备控制机箱安装 …………………………（101）
十七、防撞筒（墩）安装 …………………………（102）
十八、警示柱 ………………………………………（103）
十九、减速垄 ………………………………………（103）

附　　录

1. 普通沥青混凝土路面配合比……………………（107）
2. 改性沥青混凝土路面配合比……………………（108）

第一章　路 基 处 理

说　明

一、本章包括预压地基，强夯地基，掺石灰，掺砂石，抛石挤淤，袋装砂井，塑料排水板，振冲桩（填料），振动砂石桩，水泥粉煤灰碎石桩（CFG），水泥搅拌桩，高压水泥旋喷桩，石灰桩，地基注浆，褥垫层，土工合成材料，排水沟、截水沟，盲沟，改换炉渣、片石，毛渣换填，碎砖换填，机械翻晒等项目。

二、堆载预压工作内容中包括了堆载四面的放坡和修筑坡道，未包括堆载材料的运输，发生时费用另行计算。

三、真空预压砂垫层厚度按70cm考虑，当设计与消耗量取定的材料厚度不同时，可以调整。

四、强夯。

1. 强夯项目中每单位面积夯点数，指设计文件规定单位面积的夯点数量。

2. 强夯的夯击击数指强夯机械就位后，夯锤在同一夯点上下起落的次数。

3. 强夯工程量应区别不同夯击能量和夯点密度，按设计图示夯击范围及夯击遍数分别计算。

五、掺石灰按含灰量6%考虑，含灰量不同时按含灰量每增加1%的项目调整，当含灰量增加时，生石灰含量增加，黄土含量减少。

六、掺砂石采用原土拌和方式，掺配砂混合料压实密度按1.9t/m^{3}计算，掺配砾石混合料压实密度按2.1t/m^{3}计算，设计不同时可以换算。

七、袋装砂井直径按7cm编制，当设计砂井直径不同时，按砂井截面面积的比例关系调整中（粗）砂的用量，其他消耗量不做调整。袋装砂井及塑料排水板处理软弱地基，工程量为设计深度，材料消耗已包括砂袋或塑料排水板的预留长度。

八、振冲桩（填料）定额中未包括泥浆排放处理的费用，需要时另行计算。

九、振动碎石桩的砂、石充盈系数为1.30，设计砂石配合比及充盈系数不同时可以调整。设计要求夯扩桩夯出桩端扩大头时，费用另计。

十、水泥粉煤灰碎石桩（CFG）土方置换外运量由各地区、部门自行制定调整办法。

十一、深层水泥搅拌桩分为深层搅拌法（简称湿法）和粉体喷搅法（简称干法），水泥掺量小于或等于1%时为空搅，水泥掺量1%~7%为弱加固，人工及搅拌机械消耗量乘以系数0.50。水泥掺量大于7%为强加固，执行水泥搅拌桩相应项目。

十二、水泥搅拌桩中深层搅拌法的单（双）头搅拌桩、三轴搅拌桩定额按二搅二喷施工工艺考虑，设计不同时，每增（减）一搅一喷按相应项目的人工、机械乘以系数0.40进行增（减）。

十三、单（双）头搅拌桩、三轴搅拌桩的水泥掺量分别按加固土质量（1 800kg/m^3）的13%和15%考虑，钉型水泥土双向搅拌桩的水泥掺量按加固土质量（1 800kg/m^3）的13%考虑，当设计不同时，可以换算。粉体搅拌桩执行水泥掺量每增减1%项目时，扣除材料水的消耗量。

十四、水泥搅拌桩土方置换外运量由各地区、部门自行制定调整办法。

十五、高压旋喷桩单重管和双重管法的水泥掺量按加固土质量（1 800kg/m^3）的25%考虑，三重管法的水泥掺量按加固土质量（1 800kg/m^3）的30%考虑。当设计水泥用量与定额取定不同时，可以换算。泥浆外运由各地区、部门自行制定调整办法。

十六、石灰桩是按桩径500mm编制的，当设计桩径不同时，桩径每增加50mm，人工和机械消耗量乘以系数1.05。生石灰掺量按加固土质量（1 800kg/m^3）的30%考虑，当设计与定额取定的石灰用量不同时，可以换算。

十七、地基注浆加固以体积为单位的项目，已按各种深度综合取定。

十八、分层注浆加固的扩散半径为800mm，压密注浆加固半径为750mm。当设计与定额取定的水泥用量不同时，相关材料可以换算，人工、机械不得调整。

工程量计算规则

一、堆载预压、真空预压按设计图示尺寸以加固面积计算。

二、强夯分满夯、点夯，区分不同夯击能量，按设计图示尺寸的夯击范围以面积计算。设计无规定时，按每边超过基础外缘的宽度3m计算，对可液化地基，按每边超出基础外缘的宽度5m计算。

三、掺石灰、改换炉渣、改换片石，均按设计图示尺寸以体积计算。

四、掺砂石按设计图示尺寸以面积计算。

五、抛石挤淤按设计图示尺寸以体积计算。

六、袋装砂井、塑料排水板，按设计图示尺寸以长度计算。

七、振冲桩（填料）按设计图示尺寸以体积计算。

八、振动砂石桩按设计桩截面乘以桩长（包括桩尖）以体积计算。

九、水泥粉煤灰碎石桩（CFG）按设计图示尺寸以体积计算。取土外运按成孔体积计算。

十、深层水泥搅拌桩按设计图示尺寸桩截面面积乘以桩长外加0.5m以体积计算。三轴搅拌桩采用套接一孔法时，每幅单元桩中间圆形搭接部分应扣除，且套接孔重复搅拌的单圆形截面应重复计算。

十一、钉型水泥土双向搅拌桩按单个桩截面面积乘以桩长以体积计算，不扣除重叠部分面积。

十二、高压旋喷桩工程量，钻孔按原地面至设计桩底的距离以长度计算，喷浆按设计加固桩截面面积乘以设计桩长以体积计算。

十三、石灰桩按设计图示尺寸（包括桩尖）以体积计算。

十四、地基注浆钻孔工程量按设计图示尺寸以钻孔深度计算。地基注浆工程量按加固土体以体积计算。

十五、褥垫层、土工合成材料按设计图示尺寸以面积计算。

十六、排（截）水沟按设计图示尺寸以体积计算。

十七、盲沟按设计图示尺寸以体积计算。

十八、机械翻晒按设计图示尺寸以面积计算。

一、预 压 地 基

1. 堆 载 预 压

工作内容：测量放线，安装沉降盘，堆、卸载，整平，观测。　　　　**计量单位：**1 000m²

编　号				2-1-1	2-1-2	2-1-3
项　目				预压荷载（kN/m²）		
				80	90	100
名　称			单位	消　耗　量		
人工	合计工日		工日	152.719	172.552	192.386
	其中	普工	工日	96.213	108.708	121.203
		一般技工	工日	56.506	63.844	71.183
材料	型钢（综合）		t	0.102	0.108	0.114
	其他材料费		%	1.50	1.50	1.50
机械	履带式推土机　135kW		台班	31.158	35.350	39.655
	载重汽车　8t		台班	0.068	0.068	0.068

工作内容：测量放线，安装沉降盘，堆、卸载，整平，观测。　　　　**计量单位：**1 000m²

编　号				2-1-4	2-1-5	2-1-6
项　目				预压荷载（kN/m²）		
				110	120	130
名　称			单位	消　耗　量		
人工	合计工日		工日	213.129	235.194	256.597
	其中	普工	工日	134.271	148.172	161.656
		一般技工	工日	78.858	87.022	94.941
材料	型钢（综合）		t	0.120	0.126	0.132
	其他材料费		%	1.50	1.50	1.50
机械	履带式推土机　135kW		台班	43.960	48.379	52.911
	载重汽车　8t		台班	0.068	0.068	0.068

工作内容：测量放线，安装沉降盘，堆、卸载，整平，观测。 **计量单位**：1 000m²

编号				2-1-7	2-1-8
项目				预压荷载（kN/m²）	
				140	150
名称			单位	消耗量	
人工	合计工日		工日	277.919	299.405
	其中	普工	工日	175.089	188.625
		一般技工	工日	102.830	110.780
材料	型钢（综合）		t	0.138	0.144
	其他材料费		%	1.50	1.50
机械	履带式推土机 135kW		台班	57.556	62.088
	载重汽车 8t		台班	0.068	0.068

2. 真空预压

工作内容：测量放线，制作、安装、拆除滤排水管，铺设砂垫层及薄膜，施工密封沟，安装、拆除真空设备，抽真空，观测。 **计量单位**：1 000m²

编号				2-1-9	2-1-10
项目				预压期（3 个月）	预压期（每增减 0.5 月）
名称			单位	消耗量	
人工	合计工日		工日	383.781	16.528
	其中	普工	工日	241.782	10.413
		一般技工	工日	141.999	6.115
材料	土工膜		m²	2 493.624	—
	土工布		m²	2 063.355	—
	塑料管 UPVC De75		m	116.617	—
	塑料管 UPVC De50		m	214.480	—
	砂子（中粗砂）		m³	713.113	—
	铁件（综合）		kg	19.902	—
	其他材料费		%	1.50	—
机械	内燃单级离心清水泵 100mm		台班	310.215	46.532
	真空泵 204m³/h		台班	310.215	46.532

二、强 夯 地 基

1.满　　夯

工作内容：机具准备、夯击、夯锤位移、施工道路平整、资料记载。　　　　**计量单位：**$100m^2$

编　　号				2-1-11	2-1-12	2-1-13	2-1-14	2-1-15	2-1-16
项　　目				夯击能量（kN·m 以内）					
				800		1 000		1 500	
				1 遍 2 击	每增 1 击	1 遍 2 击	每增 1 击	1 遍 2 击	每增 1 击
名　　称			单位	消　耗　量					
人工	合计工日		工日	1.527	0.762	1.922	0.960	2.673	1.337
	其中	普工	工日	0.457	0.228	0.577	0.287	0.802	0.402
		一般技工	工日	0.917	0.458	1.153	0.577	1.604	0.802
		高级技工	工日	0.153	0.076	0.192	0.096	0.267	0.133
机械	履带式推土机 135kW		台班	0.184	0.092	0.237	0.118	0.289	0.144
	强夯机械 800kN·m		台班	0.261	0.131	—	—	—	—
	强夯机械 1 000kN·m		台班	—	—	0.334	0.168	—	—
	强夯机械 1 500kN·m		台班	—	—	—	—	0.409	0.204

工作内容：机具准备、夯击、夯锤位移、施工道路平整、资料记载。　　　　**计量单位：**$100m^2$

编　　号				2-1-17	2-1-18
项　　目				夯击能量	
				2 000kN·m 以内	
				1 遍 2 击	每增 1 击
名　　称			单位	消　耗　量	
人工	合计工日		工日	4.485	2.242
	其中	普工	工日	1.346	0.672
		一般技工	工日	2.691	1.346
		高级技工	工日	0.448	0.224
机械	履带式推土机 135kW		台班	0.479	0.240
	强夯机械 2 000kN·m		台班	0.680	0.340

2.点　　夯

工作内容：机具准备、夯击、夯锤位移、施工道路平整、资料记载。　　**计量单位**：$100m^2$

编　　号				2-1-19	2-1-20	2-1-21	2-1-22
项　　目				夯击能量			
				1 000kN·m 以内			
				7 夯点		4 夯点	
				4 击	每增 1 击	4 击	每增 1 击
名　　称			单位	消　耗　量			
人工	合计工日		工日	1.166	0.214	0.667	0.122
	其中	普工	工日	0.735	0.135	0.420	0.077
		一般技工	工日	0.431	0.079	0.247	0.045
机械	履带式推土机 135kW		台班	0.159	0.029	0.091	0.017
	强夯机械 1 200kN·m		台班	0.227	0.042	0.130	0.024

工作内容：机具准备、夯击、夯锤位移、施工道路平整、资料记载。　　**计量单位**：$100m^2$

编　　号				2-1-23	2-1-24	2-1-25	2-1-26
项　　目				夯击能量			
				2 000kN·m 以内			
				7 夯点		4 夯点	
				4 击	每增 1 击	4 击	每增 1 击
名　　称			单位	消　耗　量			
人工	合计工日		工日	1.557	0.284	0.890	0.162
	其中	普工	工日	0.981	0.179	0.561	0.102
		一般技工	工日	0.576	0.105	0.329	0.060
机械	履带式推土机 135kW		台班	0.212	0.039	0.121	0.022
	强夯机械 2 000kN·m		台班	0.303	0.055	0.173	0.032

工作内容：机具准备、夯击、夯锤位移、施工道路平整、资料记载。　　**计量单位：**100m²

编　号				2-1-27	2-1-28	2-1-29	2-1-30
项　目				夯击能量			
				3 000kN · m 以内			
				7 夯点		4 夯点	
				4 击	每增 1 击	4 击	每增 1 击
名　称			单位	消　耗　量			
人工	合计工日		工日	1.840	0.329	1.052	0.201
	其中	普工	工日	1.159	0.207	0.663	0.127
		一般技工	工日	0.681	0.122	0.389	0.074
机械	履带式推土机 135kW		台班	0.251	0.048	0.143	0.027
	强夯机械 3 000kN · m		台班	0.358	0.068	0.204	0.039

工作内容：机具准备、夯击、夯锤位移、施工道路平整、资料记载。　　**计量单位：**100m²

编　号				2-1-31	2-1-32	2-1-33	2-1-34
项　目				夯击能量			
				4 000kN · m 以内			
				7 夯点		4 夯点	
				4 击	每增 1 击	4 击	每增 1 击
名　称			单位	消　耗　量			
人工	合计工日		工日	3.510	0.738	2.006	0.422
	其中	普工	工日	2.211	0.465	1.264	0.266
		一般技工	工日	1.299	0.273	0.742	0.156
机械	履带式推土机 135kW		台班	0.477	0.100	0.273	0.057
	强夯机械 4 000kN · m		台班	0.682	0.143	0.390	0.082

工作内容： 机具准备、夯击、夯锤位移、施工道路平整、资料记载。　　**计量单位：** 100m²

编号				2-1-35	2-1-36	2-1-37	2-1-38
项目				夯击能量			
				5 000kN·m 以内			
				7 夯点		4 夯点	
				4 击	每增 1 击	4 击	每增 1 击
名称			单位	消耗量			
人工	合计工日		工日	3.803	0.799	2.173	0.456
	其中	普工	工日	2.396	0.503	1.369	0.287
		一般技工	工日	1.407	0.296	0.804	0.169
机械	履带式推土机 135kW		台班	0.517	0.109	0.295	0.062
	强夯机械 5 000kN·m		台班	0.739	0.155	0.422	0.089

工作内容： 机具准备、夯击、夯锤位移、施工道路平整、资料记载。　　**计量单位：** 100m²

编号				2-1-39	2-1-40	2-1-41	2-1-42
项目				夯击能量			
				6 000kN·m 以内			
				7 夯点		4 夯点	
				4 击	每增 1 击	4 击	每增 1 击
名称			单位	消耗量			
人工	合计工日		工日	4.184	0.880	2.391	0.503
	其中	普工	工日	2.636	0.554	1.506	0.317
		一般技工	工日	1.548	0.326	0.885	0.186
机械	履带式推土机 135kW		台班	0.569	0.120	0.326	0.069
	强夯机械 6 000kN·m		台班	0.813	0.171	0.465	0.098

工作内容：机具准备、夯击、夯锤位移、施工道路平整、资料记载。 **计量单位：**100m²

编号				2-1-43	2-1-44	2-1-45	2-1-46
项目				夯击能量（kN·m 以内）			
				8 000		10 000	
				4 夯点			
				4 击	每增 1 击	4 击	每增 1 击
名称			单位	消耗量			
人工	合计工日		工日	2.794	0.551	3.355	0.627
	其中	普工	工日	1.760	0.347	2.114	0.395
		一般技工	工日	1.034	0.204	1.241	0.232
机械	履带式推土机 135kW		台班	0.380	0.075	0.456	0.085
	强夯机械 8 000kN·m		台班	0.543	0.107	—	—
	强夯机械 10 000kN·m		台班	—	—	0.652	0.122

三、掺石灰

1. 人工

工作内容：放样、翻松、掺料改换、整平、分层夯实、找平、清理杂物。 **计量单位：**10m³

编号				2-1-47	2-1-48
项目				6% 含灰量	含灰量每增减 1%
名称			单位	消耗量	
人工	合计工日		工日	4.478	—
	其中	普工	工日	2.821	—
		一般技工	工日	1.657	—
材料	黄土		m³	（14.026）	（0.149）
	生石灰		t	1.020	0.170
	水		m³	1.000	—
	其他材料费		%	1.50	—

2. 机　械

工作内容：放样、机械切土、掺料、推拌、分层排压、找平、碾压、清理杂物。　　计量单位：$10m^3$

编　号				2-1-49	2-1-50
项　目				6% 含灰量	含灰量每增减 1%
名　称			单位	消　耗　量	
人工	合计工日		工日	0.784	—
	其中	普工	工日	0.494	—
		一般技工	工日	0.290	—
材料	黄土		m^3	(14.026)	(0.149)
	生石灰		t	1.020	0.170
	水		m^3	1.000	—
	其他材料费		%	1.50	—
机械	钢轮内燃压路机 15t		台班	0.149	—
	履带式推土机 105kW		台班	0.219	—

四、掺　砂　石

1. 掺　配　砂

工作内容：粉碎土块、掺料、洒水、拌和、整形、碾压。　　计量单位：$1\,000m^2$

编　号				2-1-51	2-1-52
项　目				掺配砂	
				压实厚度(cm)	
				10	每增减 1
名　称			单位	消　耗　量	
人工	合计工日		工日	2.081	0.165
	其中	普工	工日	1.311	0.104
		一般技工	工日	0.770	0.061
材料	砂子(中粗砂)		m^3	81.600	8.347
	水		m^3	14.000	1.000
	其他材料费		%	1.50	1.50
机械	自卸汽车 8t		台班	0.517	—
	钢轮内燃压路机 8t		台班	0.261	—
	钢轮内燃压路机 15t		台班	0.680	—
	履带式推土机 105kW		台班	0.287	—

2. 掺配砾石

工作内容：粉碎土块、掺料、洒水、拌和、整形、碾压。　　　　**计量单位：**1 000m²

编号				2-1-53	2-1-54
项目				掺配砾石	
				压实厚度（cm）	
				10	每增减 1
名称			单位	消耗量	
人工	合计工日		工日	2.246	0.283
	其中	普工	工日	1.415	0.212
		一般技工	工日	0.831	0.071
材料	砾石 5		m^3	81.600	8.590
	水		m^3	13.000	1.000
	其他材料费		%	1.50	1.50
机械	自卸汽车 8t		台班	0.517	—
	钢轮内燃压路机 8t		台班	0.261	—
	钢轮内燃压路机 15t		台班	0.680	—
	履带式推土机 105kW		台班	0.287	—

五、抛石挤淤

工作内容：1. 人工抛石：人工抛填片石、整平、碾压。
2. 机械抛石：机械抛填片石、整平、碾压。　　　　**计量单位：**1 000m³

编号				2-1-55	2-1-56
项目				人工抛石	机械抛石
名称			单位	消耗量	
人工	合计工日		工日	228.397	4.357
	其中	普工	工日	143.890	2.745
		一般技工	工日	84.507	1.612
材料	片石		m^3	1 100.000	1 100.000
	石碴		m^3	70.450	70.450
	其他材料费		%	1.50	1.50
机械	履带式推土机 105kW		台班	—	3.898
	钢轮振动压路机 15t		台班	0.170	0.170
	履带式单斗液压挖掘机 1m³		台班	—	3.898

六、袋装砂井

工作内容：1. 带门架：轨道铺拆、装砂袋、定位、打钢管、下砂袋拔钢管、门架、桩机移位。

2. 不带门架：装砂袋、定位、打钢管、下砂袋、拔钢管、起重机、桩机移位。

计量单位：1 000m

编号				2-1-57	2-1-58
项目				带门架	不带门架
名称			单位	消耗量	
人工	合计工日		工日	9.874	5.767
	其中	普工	工日	6.221	3.633
		一般技工	工日	3.653	2.134
材料	尼龙编织袋(袋装砂井用)		m	1 087.002	1 087.002
	砂子(中粗砂)		m^3	4.473	4.473
	枕木		m^3	0.033	—
	钢轨		t	0.039	—
	铁件(综合)		kg	4.588	—
	其他材料费		%	1.50	1.50
机械	袋装砂井机带门架 20kW		台班	2.391	—
	袋装砂井机不带门架 7.5kW		台班	—	1.915
	履带式起重机 15t		台班	—	1.756

七、塑料排水板

工作内容：1. 带门架：轨道铺拆，定位，穿塑料排水板，安装桩靴，打拔钢管，剪断排水板，门架、桩机移位。
2. 不带门架：定位，穿塑料排水板，安装桩靴，打拔钢管，剪断排水板，起重机、桩机移位。

计量单位：1 000m

编　　号				2-1-59	2-1-60
项　　目				袋装砂井机	
				带门架	不带门架
名　　称			单位	消　耗　量	
人工	合计工日		工日	6.394	3.065
	其中	普工	工日	4.028	1.931
		一般技工	工日	2.366	1.134
材料	塑料排水板 插塑		m	1 071.000	1 071.000
	枕木		m^3	0.033	—
	钢轨		t	0.039	—
	铁件（综合）		kg	4.588	—
	其他材料费		%	1.50	1.50
机械	袋装砂井机带门架 20kW		台班	1.564	—
	袋装砂井机不带门架 7.5kW		台班	—	1.258
	履带式起重机 15t		台班	—	1.346

八、振冲桩（填料）

工作内容：安装、拆除振冲器，振冲，填碎石，疏导泥浆。

计量单位：$10m^3$

编　　号				2-1-61
项　　目				振冲碎石桩
名　　称			单位	消　耗　量
人工	合计工日		工日	2.677
	其中	普工	工日	1.686
		一般技工	工日	0.991
材料	碎石 50~80		m^3	13.260
	其他材料费		%	1.50
机械	55kW 以内振冲器		台班	0.608
	电动单级离心清水泵 150mm		台班	0.474
	履带式起重机 15t		台班	0.474

九、振动砂石桩

工作内容：准备打桩工具、安装及拆卸桩架、移动打桩机及轨道、用钢管打桩孔、灌注砂石混合料、拔钢管、夯实，整平隆起土壤、按施工图放线定位，埋桩尖。 **计量单位：**10m³

编号				2-1-62	2-1-63
项目				桩径（mm 以内）	
				ϕ500	ϕ600
名称			单位	消耗量	
人工	合计工日		工日	10.121	12.144
	其中	普工	工日	6.376	7.651
		一般技工	工日	3.745	4.493
材料	碎石 25~40		m^3	12.910	12.910
	砂子（中粗砂）		m^3	2.330	2.330
	钢管		kg	23.407	35.077
	其他材料费		%	1.50	1.50
机械	振动沉拔桩机 300kN		台班	0.726	—
	振动沉拔桩机 400kN		台班	—	0.734
	机动翻斗车 1t		台班	0.734	0.742

十、水泥粉煤灰碎石桩（CFG）

工作内容：准备钻孔机具，钻孔就位，钻孔取土，土方现场转运，混合料灌注等。 **计量单位：**10m³

编号				2-1-64	2-1-65	2-1-66
项目				桩径（mm 以内）		
				ϕ400	ϕ600	ϕ800
名称			单位	消耗量		
人工	合计工日		工日	11.104	11.240	11.375
	其中	普工	工日	6.996	7.081	7.166
		一般技工	工日	4.108	4.159	4.209
材料	水泥混凝土碎石混合料		m^3	12.120	12.120	12.120
	其他材料费		%	1.50	1.50	1.50
机械	螺旋钻机 400mm		台班	1.887	—	—
	螺旋钻机 600mm		台班	—	1.345	—
	螺旋钻机 800mm		台班	—	—	0.995
	履带式单斗液压挖掘机 0.6m³		台班	0.027	0.027	0.027

十一、水泥搅拌桩

1. 深层水泥搅拌桩

工作内容： 机具就位，预搅下沉，拌制水泥浆或筛水泥粉，喷水泥浆或水泥粉，并搅拌提升，重复上、下搅拌，移位。

计量单位： $10m^3$

编　号				2-1-67	2-1-68	2-1-69	2-1-70	2-1-71
项　目				深层搅拌法			粉体喷搅法	水泥掺量（每增减1%）
				单头	双头	三轴	单头	
				水泥掺量 13%		水泥掺量 15%	水泥掺量 13%	
名　称			单位	消　耗　量				
人工	合计工日		工日	3.625	1.929	1.905	3.625	—
	其中	普工	工日	2.284	1.215	1.201	2.284	—
		一般技工	工日	1.341	0.714	0.705	1.341	—
材料	水泥 P·O 42.5		t	2.387	2.387	2.754	2.387	0.184
	水		m^3	3.048	3.048	3.524	—	0.762
	其他材料费		%	1.50	1.50	1.50	1.50	1.50
机械	喷浆钻机		台班	0.417	—	—	—	—
	双头搅拌桩机		台班	—	0.352	—	—	—
	灰浆搅拌机 200L		台班	0.417	0.444	0.500	—	—
	挤压式灰浆输送泵 $3m^3/h$		台班	0.168	0.221	0.286	—	—
	内燃单级离心清水泵 50mm		台班	—	0.221	—	—	—
	三轴搅拌桩机 850mm		台班	—	—	0.186	—	—
	粉喷桩机		台班	—	—	—	0.417	—
	偏心式振动筛 $16m^3/h$		台班	—	—	—	0.115	—
	电动空气压缩机 $3m^3/min$		台班	—	—	—	0.421	—
	电动空气压缩机 $10m^3/min$		台班	—	—	0.186	—	—

2. 钉型水泥土双向搅拌桩

工作内容：机具就位、搅拌水泥浆、喷浆搅拌下沉、搅拌、桩顶提升、桩顶整平、桩机移位。

计量单位：$10m^3$

编号			2-1-72
项目			钉型水泥土双向搅拌桩 水泥掺量13%
名称		单位	消耗量
人工	合计工日	工日	3.107
	其中 普工	工日	1.957
	其中 一般技工	工日	1.150
材料	水泥 P·O 42.5	t	2.387
	水	m^3	3.048
	其他材料费	%	1.50
机械	DM-3 喷浆搅拌机	台班	0.523
	灰浆搅拌机 200L	台班	0.523
	挤压式灰浆输送泵 $3m^3/h$	台班	0.209

十二、高压水泥旋喷桩

工作内容：清现场地、放样定位、钻机就位、钻孔、移位。

计量单位：10m

编号			2-1-73
项目			钻孔
名称		单位	消耗量
人工	合计工日	工日	0.976
	其中 普工	工日	0.615
	其中 一般技工	工日	0.361
材料	黏土	m^3	0.200
	水	m^3	1.133
	其他材料费	%	1.50
机械	工程地质液压钻机	台班	0.266
	泥浆拌和机 100~150L	台班	0.133
	泥浆泵 100mm	台班	0.266

工作内容：调制水泥浆、插入旋喷管、分层旋喷水泥浆、移位、机具清洗及操作范围内机具搬运。

计量单位：10m³

编号				2-1-74	2-1-75	2-1-76
项目				喷浆		
				单重管法	双重管法	三重管法
				水泥掺量 25%		水泥掺量 30%
名称			单位	消耗量		
人工	合计工日		工日	6.078	6.517	7.030
	其中	普工	工日	3.829	4.106	4.429
		一般技工	工日	2.249	2.411	2.601
材料	水泥 P·O 42.5		t	4.590	4.590	5.508
	氯化钙		kg	94.000	87.100	77.500
	硅酸钠（水玻璃）		kg	94.000	87.100	77.500
	三乙醇胺		kg	1.420	1.310	1.160
	水		m^3	5.013	5.010	5.778
	其他材料费		%	1.50	1.50	1.50
机械	单重管旋喷机		台班	0.435	—	—
	双重管旋喷机		台班	—	0.550	—
	三重管旋喷机		台班	—	—	0.710
	高压注浆泵		台班	0.434	0.549	—
	灰浆搅拌机 200L		台班	0.435	0.550	—
	灰浆搅拌机 400L		台班	—	—	0.710
	电动单级离心清水泵 150mm		台班	—	—	0.708
	泥浆泵 50mm		台班	0.434	0.549	—
	泥浆泵 100mm		台班	—	—	0.708
	污水泵 100mm		台班	—	—	0.708
	交流弧焊机 32kV·A		台班	—	—	0.630
	电动空气压缩机 6m³/min		台班	—	0.556	0.717

十三、石 灰 桩

工作内容：清理场地、放样定位、钻机安拆、钻进搅拌、提钻并喷粉搅拌、移位、机具清洗及操作范围内机具搬运。

计量单位：$10m^3$

			编号		2-1-77
			项目		粉体喷射石灰搅拌桩(mm) ϕ500
名称				单位	消耗量
人工	合计工日			工日	5.110
	其中	普工		工日	3.220
		一般技工		工日	1.890
材料	生石灰			t	5.563
	其他材料费			%	1.50
机械	深层喷射搅拌机			台班	0.667
	粉体输送设备			台班	0.667
	电动空气压缩机 $3m^3/min$			台班	0.667

十四、地 基 注 浆

1. 分 层 注 浆

工作内容：1. 钻孔：定位、钻孔、注护壁泥浆、放置注浆阀管。

2. 注浆：配置浆液、插入注浆芯管、分层劈裂注浆、检测注浆效果等。

编　号				2-1-78	2-1-79
项　目				分层注浆	
				钻孔	注浆
				100m	$10m^3$
名　称			单位	消 耗 量	
人工	合计工日		工日	12.000	2.573
	其中	普工	工日	7.560	1.621
		一般技工	工日	4.440	0.952
材料	塑料注浆阀管		m	100.000	—
	膨润土		kg	185.470	—
	水		m^3	12.000	—
	水泥 P·O 42.5		t	—	1.091
	粉煤灰		t	—	0.803
	硅酸钠（水玻璃）		kg	—	56.700
	促进剂 KA		kg	—	103.000
机械	工程地质液压钻机		台班	1.200	—
	泥浆泵 50mm		台班	1.200	—
	电动灌浆机		台班	—	0.400
	灰浆搅拌机 200L		台班	—	0.400

2. 压密注浆

工作内容： 1. 钻孔：定位、钻孔、放置注浆管。
2. 注浆：配置浆液、插入注浆芯管、分段压密注浆、检测注浆效果等。

编号				2-1-80	2-1-81
项目				压密注浆	
				钻孔	注浆
				100m	$10m^3$
名称			单位	消耗量	
人工	合计工日		工日	12.000	2.411
	其中	普工	工日	7.560	1.519
		一般技工	工日	4.440	0.892
材料	注浆管		kg	80.000	—
	水泥 P·O 42.5		t	—	0.796
	粉煤灰		t	—	0.700
	硅酸钠（水玻璃）		kg	—	8.000
机械	电动灌浆机		台班	—	0.360
	灰浆搅拌机 200L		台班	—	0.360
	工程地质液压钻机		台班	1.200	—
	泥浆泵 100mm		台班	1.200	—

十五、褥垫层

1. 砂垫层

工作内容： 放样、取（运）料、摊铺、洒水、找平。　　**计量单位：** $100m^2$

编号				2-1-82	2-1-83
项目				厚度（cm）	
				20	每减 1
名称			单位	消耗量	
人工	合计工日		工日	4.170	0.208
	其中	普工	工日	2.627	0.131
		一般技工	工日	1.543	0.077
材料	砂子（中粗砂）		m^3	25.500	1.275
	水		m^3	3.000	0.150
	其他材料费		%	1.50	1.50

2.石 屑 垫 层

工作内容：放样、取（运）料、摊铺、洒水、找平。　　**计量单位：**100m²

编　　号			2-1-84	2-1-85
项　　目			厚度（cm）	
			20	每减 1
名　　称		单位	消　耗　量	
人工	合计工日	工日	3.794	0.188
	其中 普工	工日	2.390	0.119
	其中 一般技工	工日	1.404	0.069
材料	石屑	m^3	26.512	1.325
	水	m^3	3.112	0.155
	其他材料费	%	1.50	1.50

3.炉 渣 垫 层

工作内容：放样、取（运）料、摊铺、洒水、找平。　　**计量单位：**100m²

编　　号			2-1-86	2-1-87
项　　目			厚度（cm）	
			20	每减 1
名　　称		单位	消　耗　量	
人工	合计工日	工日	3.861	0.192
	其中 普工	工日	2.432	0.121
	其中 一般技工	工日	1.429	0.071
材料	焦渣	m^3	33.676	1.683
	水	m^3	3.440	0.172
	其他材料费	%	1.50	1.50

十六、土工合成材料

工作内容：1. 铺装土工布：清理整平路基、挖填锚固沟、铺设土工布、缝合及锚固土工布。

2. 铺装土工格栅：清理整平路基、铺设锚固土工格栅。

计量单位：1 000m²

编号				2-1-88	2-1-89	2-1-90	2-1-91
项目				土工布		土工格栅	
				一般软土	淤泥	单向	双向
名称			单位	消耗量			
人工	合计工日		工日	30.576	44.385	39.739	39.739
	其中	普工	工日	19.263	27.963	25.036	25.036
		一般技工	工日	11.313	16.422	14.703	14.703
材料	土工布		m^2	1 115.200	1 115.200	—	—
	土工格栅（单向）		m^2	—	—	1 100.000	—
	土工格栅（双向）		m^2	—	—	—	1 100.000
	片石		m^3	—	17.000	—	—
	其他材料费		%	1.50	1.50	1.50	1.50

十七、排水沟、截水沟

工作内容： 1. 浆砌片石：拌、运砂浆，选修石料，砌筑，勾缝，养生。
2. 混凝土边沟：模板安装、拆除、修理、涂膜模剂、堆放、浇捣、养生。
3. 铺砌预制块：砌筑、勾缝、养生。
4. 砖砌筑：砌筑、勾缝、养生。
5. 沟盖板安装：坐浆、安装。

计量单位： 10m³

编　号				2-1-92	2-1-93	2-1-94	2-1-95	2-1-96
项　目				边沟、排水沟	边沟	排（截）水沟	排水沟、截水沟	
				浆砌片石	混凝土	铺砌预制块	砖砌筑	沟盖板安装
名　称			单位	消　耗　量				
人工	合计工日		工日	12.613	34.752	15.161	6.876	9.149
	其中	普工	工日	7.946	21.894	9.551	4.332	5.764
		一般技工	工日	4.667	12.858	5.610	2.544	3.385
材料	干混抹灰砂浆 DP M10		m³	—	—	—	—	0.380
	预拌砌筑砂浆（干拌）DM M5		m³	3.500	—	—	—	—
	预拌砌筑砂浆（干拌）DM M10		m³	0.330	—	0.440	—	—
	预拌混凝土 C20		m³	—	10.100	—	—	—
	混凝土预制块（综合）		m³	—	—	10.100	—	10.100
	水泥 32.5		t	—	—	—	—	0.118
	片石		m³	11.501	—	—	—	—
	电		kW·h	—	4.080	—	—	—
	水		m³	0.977	3.450	0.112	9.524	9.524
	石油沥青 10#		kg	—	0.013	0.013	—	—
	铁件（综合）		kg	—	7.800	—	—	—
	钢模板		t	—	0.027	—	—	—
	干混砌筑砂浆 DM M7.5		m³	—	—	—	4.427	—
	标准砖 240×115×53		千块	—	—	—	5.128	—
	其他材料费		%	1.50	1.50	1.50	1.50	—
机械	干混砂浆罐式搅拌机		台班	0.178	—	0.020	0.248	0.017

十八、盲　　沟

工作内容：1. 砂石盲沟：放样、挖土、运料、填充夯实、弃土路界外。
2. 透水管、排水管：放样、安置管道。

编　　号				2-1-97	2-1-98	2-1-99
项　　目				砂石盲沟	透水管	排水管
				$10m^3$	100m	
名　　称			单位	消　耗　量		
人工	合计工日		工日	5.020	6.013	6.013
	其中	普工	工日	3.163	3.788	3.788
		一般技工	工日	1.857	2.225	2.225
材料	碎石 50～80		m^3	10.200	—	—
	砂子 中粗砂		m^3	1.702	—	—
	硬聚氯乙烯排水管 ϕ160		m	—	—	102.000
	软式透水管 ϕ100		m	—	102.000	—
	其他材料费		%	1.50	1.50	1.50

十九、改换炉渣、片石

工作内容：放样、掺料改换、整平、分层夯实、找平、清理杂物。　　**计量单位：**$10m^3$

编　　号				2-1-100	2-1-101
项　　目				改换炉渣	改换片石
名　　称			单位	消　耗　量	
人工	合计工日		工日	0.034	0.034
	其中	普工	工日	0.021	0.021
		一般技工	工日	0.013	0.013
材料	焦渣		m^3	15.147	—
	片石		m^3	—	11.930
	其他材料费		%	1.50	1.50
机械	履带式推土机 135kW		台班	0.034	0.034
	钢轮内燃压路机 15t		台班	0.009	0.009

二十、毛渣换填

工作内容：放样、掺料改换、整平、分层夯实、找平、清理杂物。　　**计量单位：**10m³

编　号				2-1-102
项　目				毛渣
名　称			单位	消　耗　量
人工	合计工日		工日	0.034
	其中	普工	工日	0.021
		一般技工	工日	0.013
材料	毛渣		m^3	13.260
机械	履带式推土机　135kW		台班	0.034
	钢轮内燃压路机　15t		台班	0.009

二十一、碎砖换填

工作内容：放样、掺料改换、整平、分层夯实、找平、清理杂物。　　**计量单位：**10m³

编　号				2-1-103
项　目				碎砖换填
名　称			单位	消　耗　量
人工	合计工日		工日	0.034
	其中	普工	工日	0.021
		一般技工	工日	0.013
材料	碎砖		m^3	13.260
机械	履带式推土机　135kW		台班	0.022
	钢轮内燃压路机　15t		台班	0.004

二十二、机 械 翻 晒

工作内容：放样、机械翻拌晾晒。 **计量单位：**100m²

编　号				2-1-104	2-1-105
项　目				机械翻晒	
				厚度（cm）	
				20 以内	每减 1
名　称			单位	消 耗 量	
人工	合计工日		工日	0.018	0.001
	其中	普工	工日	0.009	0.001
		一般技工	工日	0.009	—
机械	履带式推土机 105kW		台班	0.027	0.001

第二章　道 路 基 层

说 明

一、本章包括路床整形，石灰稳定土摊铺，水泥稳定土摊铺，石灰、粉煤灰、土摊铺，石灰、碎石、土摊铺，石灰、粉煤灰、碎（砾）石摊铺，粉煤灰摊铺，矿渣摊铺，砂砾石摊铺（天然级配），卵石摊铺，碎石摊铺，块石摊铺，山皮石摊铺，粉煤灰三渣摊铺，水泥稳定碎（砾）石摊铺，沥青稳定碎石摊铺，多合土养生，消解石灰等项目。

二、路床整形已包括平均厚度10cm以内的人工挖高填低，路床整平达到设计要求的纵、横坡度。

三、边沟成型已综合考虑了边沟挖土不同土壤类别，考虑边沟两侧边坡培整面积所需的挖土、培土、修整边坡及余土抛出沟外，并弃运至路基50m以外的全过程所需人工。

四、多合土基层中各种材料是按常用的配合比编制的，当设计配合比与定额不同时，材料可以换算，人工、机械不得调整。

五、水泥稳定碎（砾）石基层按集中拌制与预拌分别考虑。其他基层混合料拌和均按现场机械拌和考虑，若采用厂拌，由各地区、部门自行制定调整办法。

六、本章中设有“每减1cm”的子目适用于压实厚度20cm以内的结构层铺筑。压实厚度20cm以上的按照两层结构层铺筑，以此类推。

七、混合料分层铺筑时，按规定应分层进行养生。多合土养生项目养生期按7d考虑，其用水量已综合考虑在多合土养生项目内，不得重复计算。

八、与石灰有关的基层项目中石灰均为生石灰，使用时应进行消解石灰。集中拌和的石灰土混合料，执行集中消解石灰项目，非集中拌和的石灰土混合料，执行小堆沿线消解石灰项目。

九、道路现浇混凝土基层执行本册现浇混凝土路面相应项目，人工乘以系数0.95。

工程量计算规则

一、道路路床碾压按设计道路路基宽度加设计加宽值乘以路基长度以面积计算，不扣除各类井所占面积。设计中明确加宽值时，按设计规定计算。设计中未明确加宽值时，由各地区、部门自行制定调整办法。

二、土边沟成型按设计图示尺寸以体积计算。

三、道路基层养生工程量均按设计摊铺层的面积之和计算，不扣除各种井位所占的面积；设计道路基层横断面是梯形时，应按其截面平均宽度计算面积。

四、消解石灰工程量按生石灰的重量计算。

一、路 床 整 形

工作内容：1. 路床整形碾压：放样、挖高填低、推土机整平、找平、碾压、检验、人工配合处理机械碾压不到之处。

2. 土边沟成形：人工挖边沟土、培整边坡、整平沟底、现场转运。

编　号				2-2-1	2-2-2
项　目				路床碾压检验	土边沟成型
				100m²	10m³
名　称			单位	消　耗　量	
人工	合计工日		工日	0.238	4.195
	其中	普工	工日	0.119	2.097
		一般技工	工日	0.119	2.097
机械	履带式推土机 105kW		台班	0.081	—
	钢轮内燃压路机 12t		台班	0.114	—

二、石灰稳定土摊铺

工作内容：放样、清理路床、运料、上料、机械整平土方、铺石灰、焖水、拌和机拌和、排压、找平、碾压、人工处理碾压不到之处、清除杂物。

计量单位：$100m^2$

编号				2-2-3	2-2-4	2-2-5	2-2-6	2-2-7	2-2-8
项目				含灰量(%)					
				10		12		14	
				厚度(mm)					
				200	每减 10	200	每减 10	200	每减 10
名称			单位	消耗量					
人工	合计工日		工日	3.178	0.158	3.208	0.160	3.240	0.162
	其中	普工	工日	1.589	0.079	1.604	0.080	1.620	0.081
		一般技工	工日	1.589	0.079	1.604	0.080	1.620	0.081
材料	黄土		m^3	(26.859)	(1.342)	(26.262)	(1.313)	(25.665)	(1.283)
	生石灰		t	3.399	0.169	4.079	0.203	4.759	0.237
	水		m^3	3.360	0.168	3.300	0.165	3.120	0.156
	其他材料费		%	1.50	1.50	1.50	1.50	1.50	1.50
机械	履带式推土机 105kW		台班	0.161	—	0.161	—	0.161	—
	稳定土拌和机 105kW		台班	0.094	—	0.094	—	0.094	—
	平地机 120kW		台班	0.056	—	0.056	—	0.056	—
	钢轮内燃压路机 12t		台班	0.064	—	0.064	—	0.064	—
	钢轮内燃压路机 15t		台班	0.056	—	0.056	—	0.056	—

三、水泥稳定土摊铺

工作内容：清扫整理下承层、铺料、铺水泥、洒水、拌和、整理、碾压、找平。　　**计量单位：**$100m^2$

编　号				2-2-9	2-2-10
项　目				水泥含量：5%	
				厚度（mm）	
				200	每减 10
名　称			单位	消　耗　量	
人工	合计工日		工日	3.772	0.188
	其中	普工	工日	1.886	0.094
		一般技工	工日	1.886	0.094
材料	黄土		m^3	（28.866）	（1.443）
	水泥 P·O 42.5		t	1.714	0.085
	水		m^3	3.506	0.175
	其他材料费		%	1.50	1.50
机械	履带式推土机 105kW		台班	0.177	—
	平地机 120kW		台班	0.080	—
	钢轮内燃压路机 12t		台班	0.150	—

四、石灰、粉煤灰、土摊铺

工作内容: 清理路床、运料、上料、机械整平土方(粉煤灰)、铺石灰、焖水、拌和机拌和、排压、找平、碾压。

计量单位: 100m²

编号				2-2-11	2-2-12
项目				石灰:粉煤灰:土 (12 : 35 : 53) 厚度(cm)	
				20	每减 1
名称			单位	消耗量	
人工	合计工日		工日	2.930	0.146
	其中	普工	工日	1.465	0.073
		一般技工	工日	1.465	0.073
材料	黄土		m³	(13.707)	(0.685)
	生石灰		t	3.535	0.176
	粉煤灰		m³	13.747	0.687
	水		m³	4.010	0.200
	其他材料费		%	1.50	1.50
机械	履带式推土机 105kW		台班	0.090	—
	平地机 120kW		台班	0.060	—
	稳定土拌和机 105kW		台班	0.086	—
	钢轮内燃压路机 12t		台班	0.064	—
	钢轮内燃压路机 15t		台班	0.056	—

工作内容：清理路床、运料、上料、机械整平土方（粉煤灰）、铺石灰、焖水、拌和机拌和、排压、找平、碾压。

计量单位：100m²

编　号				2-2-13	2-2-14
项　目				石灰：粉煤灰：土	
				（8 ：80 ：12）	
				厚度（cm）	
				20	每减 1
名　称			单位	消　耗　量	
人工	合计工日		工日	3.304	0.164
	其中	普工	工日	1.652	0.082
		一般技工	工日	1.652	0.082
材料	黄土		m^3	（3.103）	（0.155）
	生石灰		t	2.357	0.117
	粉煤灰		m^3	31.422	1.571
	水		m^3	7.600	0.380
	其他材料费		%	1.50	1.50
机械	履带式推土机 105kW		台班	0.090	—
	平地机 120kW		台班	0.060	—
	稳定土拌和机 105kW		台班	0.086	—
	钢轮内燃压路机 12t		台班	0.064	—
	钢轮内燃压路机 15t		台班	0.056	—

五、石灰、碎石、土摊铺

工作内容：放线、运料、上料、铺石灰、焖水、拌和机拌和、找平、碾压。 **计量单位：**100m²

编号				2-2-15	2-2-16
项目				石灰：碎石：土	
				（8 ： 20 ： 72）	
				厚度（cm）	
				20	每减 1
名称			单位	消耗量	
人工	合计工日		工日	5.278	0.262
	其中	普工	工日	2.639	0.131
		一般技工	工日	2.639	0.131
材料	黄土		m^3	（26.696）	（1.334）
	生石灰		t	3.378	0.168
	碎石 50~80		m^3	5.768	0.288
	水		m^3	7.240	0.360
	其他材料费		%	1.50	1.50
机械	稳定土拌和机 105kW		台班	0.086	—
	钢轮内燃压路机 12t		台班	0.064	—
	钢轮内燃压路机 15t		台班	0.056	—

六、石灰、粉煤灰、碎(砾)石摊铺

工作内容：放线、运料、上料、铺石灰、焖水、拌和机拌和、找平、碾压。 **计量单位：**100m²

编号				2-2-17	2-2-18
项目				石灰：粉煤灰：碎(砾)石	
				(10 ∶ 20 ∶ 70)	
				厚度(cm)	
				20	每减 1
名称			单位	消耗量	
人工	合计工日		工日	8.352	0.416
	其中	普工	工日	4.176	0.208
		一般技工	工日	4.176	0.208
材料	生石灰		t	3.955	0.197
	粉煤灰		m^3	10.547	0.527
	碎石 25~40		m^3	18.909	0.945
	水		m^3	6.300	0.315
	其他材料费		%	1.50	1.50
机械	稳定土拌和机 105kW		台班	0.086	—
	钢轮内燃压路机 12t		台班	0.064	—
	钢轮内燃压路机 15t		台班	0.056	—

七、粉煤灰摊铺

工作内容：放样、分层摊铺、洒水、碾压、清理场地。 **计量单位：**100m²

编号				2-2-19	2-2-20
项目				厚度(cm)	
				20	每减 1
名称			单位	消耗量	
人工	合计工日		工日	2.320	0.116
	其中	普工	工日	1.160	0.058
		一般技工	工日	1.160	0.058
材料	粉煤灰		m^3	37.711	1.885
	水		m^3	5.344	0.267
机械	钢轮振动压路机 18t		台班	0.053	—

八、矿 渣 摊 铺

工作内容：放样、清扫、取料、运料、上料、摊铺、找平、洒水、碾压。　　　　**计量单位：**100m²

编号				2-2-21	2-2-22
项目				厚度(cm)	
				20	每减 1
名称			单位	消耗量	
人工	合计工日		工日	0.944	0.046
	其中	普工	工日	0.472	0.023
		一般技工	工日	0.472	0.023
材料	矿渣		m^3	26.520	1.326
	水		m^3	4.000	0.200
	其他材料费		%	1.50	1.50
机械	钢轮内燃压路机 8t		台班	0.029	—
	钢轮内燃压路机 15t		台班	0.161	—
	平地机 90kW		台班	0.142	—

九、砂砾石摊铺(天然级配)

工作内容：放样、清扫、取料、运料、上料、摊铺、找平、碾压。　　　　**计量单位：**100m²

编号				2-2-23	2-2-24
项目				厚度(cm)	
				20	每减 1
名称			单位	消耗量	
人工	合计工日		工日	2.652	0.132
	其中	普工	工日	1.326	0.066
		一般技工	工日	1.326	0.066
材料	砂砾 5~80		m^3	24.480	1.224
	其他材料费		%	1.50	1.50
机械	履带式推土机 105kW		台班	0.060	—
	平地机 120kW		台班	0.177	—
	钢轮振动压路机 8t		台班	0.059	—
	钢轮振动压路机 15t		台班	0.213	—

十、卵 石 摊 铺

工作内容：放样、清扫、取料、运料、上料、摊铺、灌缝、找平、碾压。　　**计量单位：**$100m^2$

编　号				2-2-25	2-2-26
项　目				厚度（cm）	
				20	每减 1
名　称			单位	消　耗　量	
人工	合计工日		工日	2.594	0.128
	其中	普工	工日	1.297	0.064
		一般技工	工日	1.297	0.064
材料	卵石		m^3	23.868	1.193
	砂子（中粗砂）		m^3	2.652	0.132
	其他材料费		%	1.50	1.50
机械	钢轮内燃压路机 8t		台班	0.042	—
	钢轮内燃压路机 15t		台班	0.160	—
	平地机 90kW		台班	0.177	—

十一、碎 石 摊 铺

工作内容：放样、清扫、取料、运料、上料、摊铺、找平、碾压。　　**计量单位：**$100m^2$

编　号				2-2-27	2-2-28
项　目				厚度（cm）	
				20	每减 1
名　称			单位	消　耗　量	
人工	合计工日		工日	2.702	0.134
	其中	普工	工日	1.351	0.067
		一般技工	工日	1.351	0.067
材料	碎石（综合）		m^3	26.520	1.326
	其他材料费		%	1.50	1.50
机械	钢轮内燃压路机 8t		台班	0.029	—
	钢轮内燃压路机 15t		台班	0.161	—
	平地机 90kW		台班	0.180	—

十二、块 石 摊 铺

工作内容：放样、清扫、取料、运料、上料、摊铺、灌缝、找平、碾压。 **计量单位：**100m^2

编号				2-2-29	2-2-30
项目				人工铺装	
				厚度(cm)	
				20	每减 1
名称			单位	消耗量	
人工	合计工日		工日	8.650	0.432
	其中	普工	工日	4.325	0.216
		一般技工	工日	4.325	0.216
材料	块石		m^3	26.520	1.326
	碎石 30		m^3	2.652	0.132
	其他材料费		%	1.50	1.50
机械	钢轮内燃压路机 8t		台班	0.029	—
	钢轮内燃压路机 15t		台班	0.192	—

十三、山皮石摊铺

工作内容：放样、清扫、取料、运料、上料、摊铺、找平、洒水、碾压。 **计量单位：**100m^2

编号				2-2-31	2-2-32
项目				厚度(cm)	
				20	每减 1
名称			单位	消耗量	
人工	合计工日		工日	0.968	0.046
	其中	普工	工日	0.484	0.023
		一般技工	工日	0.484	0.023
材料	山皮石		m^3	26.520	1.326
	水		m^3	4.264	0.164
	其他材料费		%	1.50	1.50
机械	钢轮内燃压路机 8t		台班	0.029	—
	钢轮内燃压路机 15t		台班	0.129	—
	平地机 90kW		台班	0.160	—

十四、粉煤灰三渣摊铺

工作内容：放样、清扫、运料、上料、摊铺、焖水、找平、碾压、二层铺筑时下层扎毛、养护、清除杂物。

计量单位：100m²

编　号				2-2-33	2-2-34
项　目				厚度（cm）	
				20	每减 1
				石灰：粉煤灰：石渣	
				（15 ：22 ：63）	
名　称			单位	消　耗　量	
人工	合计工日		工日	8.702	0.434
	其中	普工	工日	4.351	0.217
		一般技工	工日	4.351	0.217
材料	石灰下脚料		m^3	6.937	0.346
	粉煤灰		m^3	13.566	0.678
	石碴 30~70		m^3	20.288	1.014
	水		m^3	6.320	0.316
	其他材料费		%	1.50	1.50
机械	稳定土拌和机 105kW		台班	0.086	—
	钢轮内燃压路机 12t		台班	0.064	—
	钢轮内燃压路机 15t		台班	0.056	—

十五、水泥稳定碎(砾)石摊铺

工作内容：放线、上料、运料、拌和、整形、摊铺、找平、碾压。

计量单位：100m²

编号				2-2-35	2-2-36
项目				水泥含量(5%)(集中拌和)	
				厚度(cm)	
				20	每减 1
名称			单位	消耗量	
人工	合计工日		工日	1.378	0.068
	其中	普工	工日	0.689	0.034
		一般技工	工日	0.689	0.034
材料	水泥 P·O 42.5		t	2.266	0.113
	碎石(综合)		m³	15.740	0.787
	石屑		m³	13.958	0.698
	水		m³	3.800	0.190
	其他材料费		%	1.50	1.50
机械	钢轮振动压路机 18t		台班	0.103	0.005
	钢轮内燃压路机 18t		台班	0.068	0.003
	摊铺机 12t		台班	0.103	0.005
	轮胎式装载机 1m³		台班	0.103	—
	水泥稳定碎石拌和站(RB400)功率 92kW/h		台班	0.103	—

工作内容：放线、运料、整形、摊铺、找平、碾压。　　　　**计量单位：**100m²

编　号				2-2-37	2-2-38
项　目				水泥含量（5%）（预拌）	
				厚度（cm）	
				20	每减 1
名　称			单位	消　耗　量	
人工	合计工日		工日	0.686	0.028
	其中	普工	工日	0.343	0.014
		一般技工	工日	0.343	0.014
材料	预拌水泥稳定碎石		m³	20.200	1.010
	水		m³	1.560	—
	其他材料费		%	1.50	1.50
机械	钢轮振动压路机 18t		台班	0.103	0.005
	钢轮内燃压路机 18t		台班	0.068	0.003
	摊铺机 12t		台班	0.103	0.005

十六、沥青稳定碎石摊铺

工作内容：放样、清扫路基、人工摊铺、洒水、喷洒机喷油、嵌缝、碾压、侧平石保护、清理。　　　　**计量单位：**100m²

编　号				2-2-39	2-2-40
项　目				厚度（cm）	
				7	每增减 1
名　称			单位	消　耗　量	
人工	合计工日		工日	0.310	0.042
	其中	普工	工日	0.155	0.021
		一般技工	工日	0.155	0.021
材料	石油沥青 60#~100#		t	0.342	0.048
	碎石 15		m³	2.312	0.330
	碎石 20~40		m³	9.249	1.321
	水		m³	0.952	0.136
	其他材料费		%	1.50	1.50
机械	汽车式沥青喷洒机 4 000L		台班	0.112	0.016
	钢轮内燃压路机 8t		台班	0.034	—
	钢轮内燃压路机 15t		台班	0.151	—

十七、多合土养生

工作内容：抽水、运水、铺棉毡、安装及拆除抽水机胶管、洒水养护。　　**计量单位：**$100m^2$

编号				2-2-41	2-2-42
项目				洒水车洒水	人工洒水
名称			单位	消耗量	
人工	合计工日		工日	0.066	0.264
	其中	普工	工日	0.033	0.132
		一般技工	工日	0.033	0.132
材料	棉毡		m^2	26.000	26.000
	水		m^3	7.000	7.000
	其他材料费		%	1.50	1.50
机械	洒水车 4 000L		台班	0.036	—

十八、消 解 石 灰

工作内容：1. 集中消解石灰：集中消解石灰、推土机配合。

2. 小堆沿线消解石灰：小堆沿线消解、人工闷解。　　**计量单位：**t

编号				2-2-43	2-2-44
项目				集中消解石灰	小堆沿线消解石灰
名称			单位	消耗量	
人工	合计工日		工日	0.068	0.068
	其中	普工	工日	0.034	0.034
		一般技工	工日	0.034	0.034
材料	水		m^3	1.050	1.050
	其他材料费		%	1.50	1.50
机械	履带式推土机 105kW		台班	0.036	—

第三章　道 路 面 层

说　　明

一、本章包括沥青表面处治,沥青贯入式路面,透层、黏层,封层,沥青混凝土路面,水泥混凝土路面,块料面层路面,其他等项目。

二、喷洒沥青油料中,透层、黏层分别列有石油沥青、乳化沥青两种油料,其中透层适用于无结合料粒料基层和半刚性基层;黏层适用于新建沥青层、旧沥青路面和水泥混凝土。当设计与定额取定的喷油量不同时,材料可做调整,人工、机械不做调整。

三、彩色沥青混凝土摊铺仅考虑人工摊铺方式,实际摊铺方式不同时,需另行计算。

四、沥青混凝土运杂费已包括在成品价中,不再另行计算。

五、水泥混凝土路面按预拌混凝土考虑。

六、水泥混凝土路面按平口考虑,当设计为企口时,按相应项目执行,其中人工乘以系数 1.01,模板摊销量乘以系数 1.05。

七、水泥混凝土路面的钢筋项目执行第九册《钢筋工程》相应项目。

工程量计算规则

一、道路工程沥青混凝土、水泥混凝土及其他类型路面工程量按设计图示尺寸以面积计算，不扣除各类井所占面积，但扣除与路面相连的平石、侧石和缘石所占面积，桥面铺装沥青混凝土时不扣除变形缝所占面积。

二、伸缩缝嵌缝按设计缝长乘以设计缝深以面积计算。

三、锯缝机切缩缝、人工填灌缝按设计图示尺寸以长度计算。

四、铺装玻璃纤维格栅按设计图示尺寸以面积计算。

五、土工布贴缝按混凝土路面缝长乘以设计宽度以面积计算，其中纵横相交处面积不扣除。

六、水泥混凝土路面拉防滑条、刻纹按设计图示尺寸以面积计算，不扣除各类井所占面积，但扣除与路面相连的平石、侧石和缘石所占面积。

一、沥青表面处治

工作内容：清扫基层、运料、分层撒料、洒油、找平、接茬、收边、碾压。　　**计量单位：**100m²

编　号				2-3-1	2-3-2	2-3-3
项　目				人工手泵喷油、撒料		
				单层式	双层式	三层式
名　称			单位	消　耗　量		
人工	合计工日		工日	1.538	2.130	2.560
	其中	普工	工日	0.554	0.767	0.921
		一般技工	工日	0.984	1.363	1.639
材料	碎石 10		m^3	1.330	1.020	1.020
	碎石 20		m^3	—	2.040	3.060
	石油沥青 60#~100#		t	0.180	0.370	0.530
	砂子（中粗砂）		m^3	0.410	0.410	0.410
	其他材料费		%	1.50	1.50	1.50
机械	手泵喷油机		台班	0.139	0.211	0.289
	钢轮内燃压路机 8t		台班	0.058	0.087	0.130

工作内容：清扫基层、运料、分层撒料、洒油、找平、接茬、收边、碾压。　　**计量单位：**100m²

编　号				2-3-4	2-3-5	2-3-6
项　目				机械喷油、撒料		
				单层式	双层式	三层式
名　称			单位	消　耗　量		
人工	合计工日		工日	1.435	2.009	2.366
	其中	普工	工日	0.516	0.723	0.852
		一般技工	工日	0.919	1.286	1.514
材料	碎石 10		m^3	1.020	1.020	1.020
	碎石 20		m^3	—	2.530	3.370
	石油沥青 60#~100#		t	0.150	0.310	0.440
	砂子（中粗砂）		m^3	0.420	0.420	0.420
	其他材料费		%	1.50	1.50	1.50
机械	汽车式沥青喷洒机 4 000L		台班	0.089	0.106	0.239
	钢轮内燃压路机 8t		台班	0.071	0.113	0.169

二、沥青贯入式路面

工作内容：清扫整理下承层、安拆熬油设备、熬油、运油、沥青喷洒机喷油、铺洒主层骨料及嵌缝料、整形、碾压、找补、初期养护。

计量单位：100m²

编号				2-3-7	2-3-8	2-3-9	2-3-10	2-3-11
项目				厚度（cm）				
				4	5	6	7	8
名称			单位	消耗量				
人工	合计工日		工日	1.930	2.253	2.466	2.789	3.125
	其中	普工	工日	0.695	0.811	0.888	1.004	1.125
		一般技工	工日	1.235	1.442	1.578	1.785	2.001
材料	碎石 25~40		m^3	4.490	1.730	1.730	1.940	2.140
	碎石 30		m^3	1.330	0.920	0.920	1.220	1.220
	碎石 50		m^3	—	5.610	—	2.450	2.960
	碎石 60		m^3	—	—	6.730	5.710	6.830
	石油沥青 60#~100#		t	0.500	0.580	0.640	0.730	0.820
	石屑		m^3	1.330	0.710	0.710	0.510	0.510
	砂子（中粗砂）		m^3	0.310	0.310	0.310	0.310	0.310
	其他材料费		%	1.50	1.50	1.50	1.50	1.50
机械	汽车式沥青喷洒机 4 000L		台班	0.064	0.074	0.082	0.093	0.105
	钢轮内燃压路机 8t		台班	0.079	0.079	0.079	0.079	0.079
	钢轮内燃压路机 15t		台班	0.286	0.286	0.286	0.286	0.286

三、透层、黏层

1. 透　　层

工作内容：清扫基层、运油、洒布机喷油、碾压、找补。　　　　**计量单位：**1 000m²

编　　号				2-3-12	2-3-13	2-3-14	2-3-15
项　　目				无结合料粒料基层		半刚性基层	
				石油沥青	乳化沥青	石油沥青	乳化沥青
				$1.2kg/m^2$	$1kg/m^2$	$0.72kg/m^2$	$0.7kg/m^2$
名　　称			单位	消　耗　量			
人工	合计工日		工日	1.578	0.325	1.228	0.263
	其中	普工	工日	0.568	0.117	0.442	0.095
		一般技工	工日	1.010	0.208	0.786	0.168
材料	石油沥青		kg	1 224.000	—	734.400	—
	乳化沥青		kg	—	1 020.000	—	714.000
	石屑		m^3	—	—	2.550	2.550
	其他材料费		%	2.00	2.00	2.00	2.00
机械	钢轮内燃压路机 8t		台班	—	—	0.136	0.136
	汽车式沥青喷洒机 4 000L		台班	0.102	0.125	0.079	0.079

2. 黏（粘）层

工作内容：清扫基层、运油、洒布机喷油、找补。　　　　**计量单位：**1 000m²

编　　号				2-3-16	2-3-17	2-3-18	2-3-19
项　　目				沥青层		水泥混凝土	
				石油沥青	乳化沥青	石油沥青	乳化沥青
				$0.36kg/m^2$	$0.3kg/m^2$	$0.24kg/m^2$	$0.3kg/m^2$
名　　称			单位	消　耗　量			
人工	合计工日		工日	0.614	0.175	0.439	0.088
	其中	普工	工日	0.221	0.063	0.158	0.032
		一般技工	工日	0.393	0.112	0.281	0.056
材料	石油沥青		kg	367.200	—	244.800	—
	乳化沥青		kg	—	306.000	—	306.000
	其他材料费		%	2.00	2.00	2.00	2.00
机械	汽车式沥青喷洒机 4 000L		台班	0.034	0.045	0.023	0.034

四、封　层

工作内容： 清扫基层、运油、加热、洒布机喷油、碾压、找补、初期养护。　　　计量单位：1 000m²

编号			2-3-20	2-3-21	2-3-22	2-3-23	2-3-24	2-3-25
项目			层铺法封层					
			上封层			下封层		
			石油沥青	乳化沥青	改性沥青	石油沥青	乳化沥青	改性沥青
名称		单位	消耗量					
人工	合计工日	工日	6.585	5.045	6.584	4.703	2.994	3.869
人工	其中 普工	工日	2.371	1.816	2.370	1.693	1.078	1.393
人工	其中 一般技工	工日	4.214	3.229	4.214	3.010	1.916	2.476
材料	石油沥青	kg	1 082.000	—	—	1 185.000	—	—
材料	乳化沥青	kg	—	953.000	—	—	1 004.000	—
材料	改性沥青	kg	—	—	1 125.800	—	—	1 272.050
材料	石屑	m³	7.140	7.140	9.111	8.160	8.160	7.269
材料	煤	t	—	—	0.240	—	—	0.280
材料	其他材料费	%	2.00	2.00	2.00	2.00	2.00	2.00
机械	钢轮内燃压路机 8t	台班	0.306	0.306	0.306	0.306	0.306	0.306
机械	汽车式沥青喷洒机 4 000L	台班	0.102	0.091	0.091	0.113	0.091	0.091

工作内容：清扫基层、运油、加热、洒布机喷油、碾压、找补、初期养护。　　**计量单位：**1 000m²

编　　号				2-3-26	2-3-27	2-3-28
项　　目				乳化沥青稀浆封层		
				ES-1 型	ES-2 型	ES-3 型
名　　称			单位	消　耗　量		
人工	合计工日		工日	4.875	5.389	5.473
	其中	普工	工日	1.755	1.940	1.970
		一般技工	工日	3.120	3.449	3.503
材料	乳化沥青		kg	1 096.000	1 476.000	1 560.000
	砂子		m^3	0.376	0.594	0.654
	矿粉		kg	265.000	278.000	318.000
	石屑		m^3	1.733	2.921	3.773
	水		m^3	9.710	14.570	16.510
机械	稀浆封层机		台班	0.238	0.351	0.397
	汽车式沥青喷洒机 4 000L		台班	0.227	0.340	0.385
	洒水车 4 000L		台班	0.227	0.340	0.385

五、沥青混凝土路面

1. 粗　粒　式

工作内容：清扫基层、整修侧缘石、测温、摊铺、接茬、找平、点补、碾压清理。　　**计量单位：**100m²

编　　号				2-3-29	2-3-30
项　　目				人工摊铺	
				厚度(cm)	
				6	每增减 1
名　　称			单位	消　耗　量	
人工	合计工日		工日	2.058	0.344
	其中	普工	工日	0.741	0.124
		一般技工	工日	1.317	0.220
材料	粗粒式沥青混凝土		m^3	6.060	1.010
	柴油		t	0.006	0.001
	其他材料费		%	1.50	1.50
机械	钢轮振动压路机 12t		台班	0.116	0.019
	钢轮振动压路机 15t		台班	0.105	0.018
	轮胎压路机 26t		台班	0.052	0.009

工作内容：清扫基层、整修侧缘石、测温、摊铺、接茬、找平、点补、碾压清理。 计量单位：100m²

编号				2-3-31	2-3-32
项目				机械摊铺	
				厚度(cm)	
				6	每增减 1
名称			单位	消耗量	
人工	合计工日		工日	1.250	0.208
	其中	普工	工日	0.450	0.075
		一般技工	工日	0.800	0.133
材料	粗粒式沥青混凝土		m^3	6.060	1.010
	柴油		t	0.006	0.001
	其他材料费		%	1.50	1.50
机械	钢轮振动压路机 12t		台班	0.106	0.018
	钢轮振动压路机 15t		台班	0.096	0.016
	轮胎压路机 26t		台班	0.048	0.008
	沥青混凝土摊铺机 8t		台班	0.048	0.008

2.中　粒　式

工作内容：清扫基层、整修侧缘石、测温、摊铺、接茬、找平、点补、碾压清理。 计量单位：100m²

编号				2-3-33	2-3-34
项目				人工摊铺	
				厚度(cm)	
				4	每增减 1
名称			单位	消耗量	
人工	合计工日		工日	1.372	0.343
	其中	普工	工日	0.494	0.123
		一般技工	工日	0.878	0.220
材料	中粒式沥青混凝土		m^3	4.040	1.010
	柴油		t	0.004	0.001
	其他材料费		%	1.50	1.50
机械	钢轮振动压路机 12t		台班	0.077	0.019
	钢轮振动压路机 15t		台班	0.070	0.018
	轮胎压路机 26t		台班	0.035	0.009

工作内容：清扫基层、整修侧缘石、测温、摊铺、接茬、找平、点补、碾压清理。　　　　**计量单位：**100m²

编号				2-3-35	2-3-36
项目				机械摊铺	
				厚度（cm）	
				4	每增减 1
名称			单位	消耗量	
人工	合计工日		工日	0.832	0.208
	其中	普工	工日	0.300	0.075
		一般技工	工日	0.532	0.133
材料	中粒式沥青混凝土		m^3	4.040	1.010
	柴油		t	0.004	0.001
	其他材料费		%	1.50	1.50
机械	钢轮振动压路机 12t		台班	0.071	0.018
	钢轮振动压路机 15t		台班	0.064	0.016
	轮胎压路机 26t		台班	0.032	0.008
	沥青混凝土摊铺机 8t		台班	0.032	0.008

3. 细　粒　式

工作内容：清扫基层、整修侧缘石、测温、摊铺、接茬、找平、点补、碾压清理。　　　　**计量单位：**100m²

编号				2-3-37	2-3-38
项目				人工摊铺	
				厚度（cm）	
				3	每增减 1
名称			单位	消耗量	
人工	合计工日		工日	1.654	0.551
	其中	普工	工日	0.595	0.198
		一般技工	工日	1.059	0.353
材料	细粒式沥青混凝土		m^3	3.030	1.010
	柴油		t	0.003	0.001
	其他材料费		%	1.50	1.50
机械	钢轮振动压路机 12t		台班	0.093	0.028
	钢轮振动压路机 15t		台班	0.084	0.026
	轮胎压路机 26t		台班	0.042	0.013

工作内容：清扫基层、整修侧缘石、测温、摊铺、接茬、找平、点补、碾压清理。 **计量单位：**100m²

编号				2-3-39	2-3-40
项目				机械摊铺	
				厚度（cm）	
				3	每增减 1
名称			单位	消耗量	
人工	合计工日		工日	1.020	0.340
	其中	普工	工日	0.367	0.122
		一般技工	工日	0.653	0.218
材料	细粒式沥青混凝土		m^3	3.030	1.010
	柴油		t	0.003	0.001
	其他材料费		%	1.50	1.50
机械	钢轮振动压路机 12t		台班	0.085	0.038
	钢轮振动压路机 15t		台班	0.077	0.026
	轮胎压路机 26t		台班	0.038	0.013
	沥青混凝土摊铺机 8t		台班	0.038	0.013

4. 彩色沥青混凝土路面

工作内容：清扫基层、整修侧缘石、测温、摊铺、接茬、找平、点补、碾压清理。 **计量单位：**100m²

编号				2-3-41	2-3-42
项目				人工摊铺	
				厚度（cm）	
				2	每增减 0.5
名称			单位	消耗量	
人工	合计工日		工日	1.189	0.271
	其中	普工	工日	0.428	0.098
		一般技工	工日	0.761	0.173
材料	彩色沥青混凝土		m^3	2.020	0.505
	柴油		kg	2.130	1.069
	其他材料费		%	1.50	1.50
机械	钢轮振动压路机 12t		台班	0.060	0.009
	钢轮振动压路机 15t		台班	0.043	0.005
	轮胎压路机 16t		台班	0.013	0.002

5. 透水沥青混凝土路面（OCFG-13）

工作内容：清扫基层、整修侧缘石、测温、摊铺、接茬、找平、点补、碾压清理。　　**计量单位：**100m²

编　号				2-3-43	2-3-44
项　目				厚度（cm）	
				4	每增减 1
名　称			单位	消　耗　量	
人工	合计工日		工日	0.797	0.067
	其中	普工	工日	0.287	0.024
		一般技工	工日	0.510	0.043
材料	透水沥青混凝土		m^3	4.040	1.010
	水		m^3	0.088	0.013
	柴油		kg	0.630	0.158
	其他材料费		%	0.50	0.50
机械	钢轮振动压路机 12t		台班	0.036	0.005
	沥青混凝土摊铺机 8t		台班	0.050	0.014

6. 改性沥青 SMA 路面

工作内容：清扫基层、整修侧缘石、测温、摊铺、接茬、找平、点补、碾压清理。　　**计量单位：**100m²

编　号				2-3-45	2-3-46
项　目				厚度（cm）	
				4	每增减 1
名　称			单位	消　耗　量	
人工	合计工日		工日	1.777	0.377
	其中	普工	工日	0.640	0.136
		一般技工	工日	1.137	0.241
材料	改性沥青玛瑞脂 SMA-16 聚酯纤维		m^3	4.040	1.010
	柴油		kg	4.000	1.000
	其他材料费		%	1.50	1.50
机械	沥青混凝土摊铺机 8t		台班	0.076	0.009
	钢轮振动压路机 12t		台班	0.190	0.053
	钢轮振动压路机 15t		台班	0.179	0.036
	轮胎压路机 26t		台班	0.088	0.018

六、水泥混凝土路面

1. 预拌混凝土

工作内容： 放样，模板制作、安装、拆除，模板刷脱模剂，混凝土纵缝涂沥青油，浇筑、捣固、抹光或拉毛。

计量单位： 100m²

编号				2-3-47	2-3-48
项目				厚度（cm）	
				22	每增减 1
名称			单位	消耗量	
人工	合计工日		工日	10.052	0.246
	其中	普工	工日	3.619	0.089
		一般技工	工日	6.433	0.157
材料	预拌混凝土路面 抗折 45#		m³	22.220	1.010
	钢模板		kg	19.137	0.874
	脱模剂		kg	1.258	0.057
	水		m³	3.190	0.100
	电		kW·h	7.920	0.362
	铁件（综合）		kg	7.700	0.600
	其他材料费		%	1.50	1.50

2. 水泥混凝土养生

工作内容： 铺盖棉毡（铺塑料膜）、养生。

计量单位： 100m²

编号				2-3-49	2-3-50
项目				棉毡养护	塑料膜养护
名称			单位	消耗量	
人工	合计工日		工日	0.823	0.823
	其中	普工	工日	0.296	0.296
		一般技工	工日	0.527	0.527
材料	棉毡		m²	55.000	—
	塑料薄膜		m²	—	115.000
	水		m³	13.333	4.000
	其他材料费		%	1.50	1.50

3. 水泥混凝土拉防滑条、刻纹

工作内容： 1. 防滑条：定位调直、拉压防滑条、机具运输。

2. 刻纹：注水刻纹、清理场地。　　**计量单位：** 100m²

编　　号				2-3-51	2-3-52
项　　目				防滑条	刻纹
名　　称			单位	消　耗　量	
人工	合计工日		工日	0.787	2.239
	其中	普工	工日	0.284	0.806
		一般技工	工日	0.503	1.433
材料	刻纹机刀片		组	—	0.160
	水		m^3	—	4.305
	其他材料费		%	—	1.50
机械	混凝土路面刻纹机		台班	—	0.655

4. 伸　缩　缝

(1) 伸　　缝

工作内容： 放样、缝板制作、备料、熬制沥青、浸泡木板、拌和、嵌缝、烫平缝面。　　**计量单位：** 10m²

编　　号				2-3-53	2-3-54	2-3-55
项　　目				伸缝		
				沥青木板	沥青玛琋脂	塑料胶
名　　称			单位	消　耗　量		
人工	合计工日		工日	5.274	2.846	0.905
	其中	普工	工日	1.899	1.025	0.326
		一般技工	工日	3.375	1.821	0.579
材料	石粉		kg	—	127.400	—
	木板 δ20		m^3	0.221	—	—
	石棉		kg	—	126.000	—
	石油沥青 60#~100#		t	0.033	0.127	—
	塑料胶条		kg	—	—	0.350
	其他材料费		%	1.50	1.50	1.50
机械	电动空气压缩机 0.6m³/min		台班	—	—	0.039
	沥青熔化炉 XLL-0.5t		台班	0.003	0.003	—

（2）缩　　缝

工作内容：1. 锯缝机切缝：测量画线、锯缝机移动定位、清扫。
2. 人工填灌缝塑料油膏、PG 缝道路嵌缝胶：清缝、填灌缝。

计量单位：100m

编　　号				2-3-56	2-3-57	2-3-58	2-3-59	2-3-60
项　　目				锯缝机切缝		人工填灌缝塑料油膏		PG 道路嵌缝胶
				缝宽 6mm 缝深（cm）				
				5	每增减 1	5	每增减 1	
名　　称			单位	消　耗　量				
人工	合计工日		工日	1.300	0.260	3.538	0.707	1.104
	其中	普工	工日	0.468	0.094	1.274	0.255	0.398
		一般技工	工日	0.832	0.166	2.264	0.452	0.707
材料	金刚石锯片		片	0.440	0.090	—	—	—
	塑料油膏		kg	—	—	58.000	11.600	—
	水		m^3	10.500	2.500	—	—	—
	道路嵌缝胶 PG		kg	—	—	—	—	19.530
	其他材料费		%	1.50	1.50	1.50	1.50	1.50
机械	混凝土切缝机		台班	0.625	0.125	—	—	—

5. 透水混凝土路面

工作内容: 放样,模板制作、安装、拆除,模板刷脱模剂,摊铺,夯实振实、整平,喷保护剂,清理场地等。

计量单位: $100m^2$

编　号				2-3-61	2-3-62
项　目				厚度(cm)	
				5	每增减 1
名　称			单位	消　耗　量	
人工	合计工日		工日	8.361	0.292
	其中	普工	工日	3.010	0.105
		一般技工	工日	5.351	0.187
材料	透水混凝土 C20		m^3	5.050	1.010
	组合钢模板		kg	5.990	1.198
	钢支撑		kg	0.626	0.125
	钢模板连接件		kg	3.254	0.651
	板枋材		m^3	0.008	0.002
	圆钉		kg	0.065	0.013
	脱模剂		kg	0.270	0.054
	模板嵌缝料		kg	0.135	0.027
	氟碳保护剂		kg	30.000	—

6. 透水彩色水泥混凝土路面

工作内容：放样，模板制作、安装、拆除，模板刷脱模剂，摊铺，夯实振实、整平，喷保护剂，清理场地等。

计量单位：$100m^2$

编号				2-3-63
项目				厚度（cm）
				3
名称			单位	消耗量
人工	合计工日		工日	11.587
	其中	普工	工日	4.171
		一般技工	工日	7.416
材料	透水彩色混凝土 C20		m^3	3.030
	组合钢模板		kg	3.597
	钢支撑		kg	0.376
	钢模板连接件		kg	1.952
	板枋材		m^3	0.005
	圆钉		kg	0.039
	脱模剂		kg	0.162
	模板嵌缝料		kg	0.081
	氟碳保护剂		kg	30.000

七、块料面层路面

1. 人　　工

工作内容：清理基层、铺砌、灌缝、补空、勾缝、养护等。　　**计量单位：**$100m^2$

编　　号				2-3-64	2-3-65
项　　目				青条石路面	花岗岩路面
名　　称			单位	消　耗　量	
人工	合计工日		工日	18.188	18.680
	其中	普工	工日	6.548	6.725
		一般技工	工日	11.640	11.955
材料	料石		m^2	101.000	—
	天然石材饰面板		m^2	—	101.000
	预拌砌筑砂浆（干拌）DM M7.5		m^3	3.075	3.075
	白水泥		kg	—	15.000
	水		m^3	3.117	3.101
	其他材料费		%	1.50	1.50
机械	干混砂浆罐式搅拌机		台班	0.131	0.131

2. 机　　械

工作内容：清理基层、机械运输、铺砌、灌缝、补空、勾缝、养护等。　　**计量单位：**$100m^2$

编　　号				2-3-66	2-3-67
项　　目				青条石路面	花岗岩路面
名　　称			单位	消　耗　量	
人工	合计工日		工日	7.008	7.500
	其中	普工	工日	2.523	2.700
		一般技工	工日	4.485	4.800
材料	料石		m^2	101.000	—
	天然石材饰面板		m^2	—	101.000
	预拌砌筑砂浆（干拌）DM M7.5		m^3	3.075	3.075
	白水泥		kg	—	15.000
	水		m^3	3.117	3.101
	其他材料费		%	1.50	1.50
机械	干混砂浆罐式搅拌机		台班	0.131	0.131
	叉式起重机 3t		台班	0.156	0.156

八、其　　他

1. 铺装玻璃纤维格栅

工作内容： 清理整平基层、铺设玻璃纤维格栅。　　**计量单位：** $100m^2$

编　　号			2-3-68
项　　目			铺装玻璃纤维格栅
名　　称		单位	消　耗　量
人工	合计工日	工日	1.060
	其中：普工	工日	0.382
	其中：一般技工	工日	0.678
材料	玻璃纤维格栅	m^2	110.000
	其他材料费	%	1.50

2. 土工布贴缝

工作内容： 清扫、撒油二遍、贴土工布。　　**计量单位：** $100m^2$

编　　号			2-3-69
项　　目			土工布贴缝
名　　称		单位	消　耗　量
人工	合计工日	工日	1.243
	其中：普工	工日	0.447
	其中：一般技工	工日	0.796
材料	土工布	m^2	119.034
	乳化沥青	kg	121.368
	其他材料费	%	1.50
机械	汽车式沥青喷洒机 4 000L	台班	0.099

第四章　人行道及其他

说　　明

一、本章包括人行道整形碾压，人行道板安砌，人行道块料铺设，混凝土人行道，安砌侧（平、缘）石，现浇侧（平、缘）石，侧（平、缘）石模板，检查井升降，砌筑树池，多合土运输，运输小型构件，场内运混凝土（熟料），汽车运水等项目。

二、当设计与消耗量所采用的人行道板、人行道块料、广场砖规格或型号不同时，消耗量中的相关材料可以调整，人工、机械不调整。

三、人行道整形已包括平均厚度 10cm 以内的人工挖高填低、整平、碾压。

四、侧平石安砌已综合考虑了直线、弧线安砌的消耗量，使用时不得调整。

五、安砌侧（平、缘）石按人工安装方式考虑，若过程中使用叉车等机械，其费用计算方法由各地区、部门自行制定。

六、小型构件运输是指单件体积在 $0.1m^3$ 以内的构件。

七、场内运混凝土（熟料）指混凝土（熟料）场内转运。

八、多合土运输不足 1km，按 1km 计算。

九、检查井、窨井、雨水进水井升高均不包含更换井盖等工作。发生升高并更换井盖时，执行"更换井盖（箅）"项目。

工程量计算规则

一、人行道整形碾压面积按设计人行道图示尺寸以面积计算，不扣除树池和各类井所占面积。

二、人行道板安砌、人行道块料铺设、混凝土人行道铺设按设计图示尺寸以面积计算，不扣除各类井所占面积，但应扣除侧（平、缘）石、树池所占面积。

三、花岗岩人行道板伸缩缝按图示尺寸以长度计算。

四、侧（平、缘）石垫层区分不同材质以体积计算。

五、侧（平、缘）石按设计图示中心线长度计算。

六、现浇混凝土侧（平、缘）石模板按模板与混凝土的接触面以面积计算。

七、检查井升降以数量计算。

八、砌筑树池按设计外围尺寸以长度计算。

九、多合土运输以体积计算。

一、人行道整形碾压

工作内容：人行道整形碾压：放样、人工挖高填低、找平、碾压、检验、人工配合处理机械碾压不到之处。

计量单位：100m²

编号				2-4-1
项目				人行道整形碾压
名称			单位	消耗量
人工	合计工日		工日	1.310
	其中	普工	工日	0.563
		一般技工	工日	0.747
机械	钢轮内燃压路机 12t		台班	0.027

二、人行道板安砌

工作内容：放样、运料、铺料找平、夯实、安砌、灌缝、扫缝。

计量单位：100m²

编号				2-4-2	2-4-3	2-4-4	2-4-5
项目				人行道板安砌			
				规格（cm）			
				25×25×5	30×30×6	40×40×7	50×50×8
名称			单位	消耗量			
人工	合计工日		工日	7.029	6.845	6.716	6.645
	其中	普工	工日	3.022	2.943	2.888	2.857
		一般技工	工日	4.007	3.902	3.828	3.788
材料	人行道路面砖		m²	102.000	102.000	102.000	102.000
	砂子（中粗砂）		m³	6.467	6.467	6.467	6.467
	其他材料费		%	1.50	1.50	1.50	1.50

三、人行道块料铺设

工作内容：放样、运料、调配砂浆、找平、安砌、灌缝、扫缝、清理。　　计量单位：$100m^2$

编号				2-4-6	2-4-7	2-4-8	2-4-9	2-4-10
项目				混凝土彩色步砖	普通型砖	D 型砖	S 型砖	T 型砖
				水泥砂浆				
名称			单位	消耗量				
人工	合计工日		工日	10.083	6.837	16.575	16.575	16.575
	其中	普工	工日	4.336	2.940	7.127	7.127	7.127
		一般技工	工日	5.747	3.897	9.448	9.448	9.448
材料	预制混凝土彩色步砖		m^2	102.000	—	—	—	—
	水泥花砖 普通型		m^2	—	102.000	—	—	—
	水泥花砖 D 型		m^2	—	—	102.000	—	—
	水泥花砖 S 型		m^2	—	—	—	102.000	—
	水泥花砖 T 型		m^2	—	—	—	—	102.000
	预拌地面砂浆（干拌）DS M15		m^3	2.050	2.050	2.050	2.050	2.050
	水		m^3	0.523	0.523	0.523	0.523	0.523
	其他材料费		%	1.50	1.50	1.50	1.50	1.50
机械	干混砂浆罐式搅拌机		台班	0.075	0.075	0.075	0.075	0.075

工作内容：挂线、找平、铺预制板、嵌缝、材料搬运。　　计量单位：$100m^2$

编号				2-4-11	2-4-12
项目				预制灰砂连锁砖	预制混凝土六角块
名称			单位	消耗量	
人工	合计工日		工日	7.573	7.573
	其中	普工	工日	3.257	3.257
		一般技工	工日	4.316	4.316
材料	预制灰砂连锁砖		m^2	102.000	—
	预制混凝土六角块		m^2	—	102.000
	砂子（中粗砂）		m^3	2.377	2.377
	水		m^3	1.238	1.238
	其他材料费		%	1.50	1.50

工作内容： 1. 花岗岩人行道板：清理基层、找平、局部锯板磨边、调制水泥砂浆、贴花岗岩、撒素水泥浆。
2. 花岗岩人行道板伸缩缝：测量画线、定位、清扫、清缝、密封胶填灌缝。

编　号				2-4-13	2-4-14
项　目				花岗岩人行道板	花岗岩人行道板伸缩缝
				$100m^2$	100m
名　称			单位	消　耗　量	
人工	合计工日		工日	9.432	0.990
	其中	普工	工日	4.056	0.426
		一般技工	工日	5.376	0.564
材料	天然石材饰面板		m^2	102.000	—
	预拌地面砂浆（干拌）DS M15		m^3	3.075	—
	素水泥浆		m^3	0.100	—
	水		m^3	0.784	—
	双组分聚硫密封胶		kg	—	65.600
	其他材料费		%	1.50	1.50
机械	干混砂浆罐式搅拌机		台班	0.112	—

工作内容： 清理基层、调制水泥砂浆、放样、铺结合层、贴块料面层、净面等。　　**计量单位：** $100m^2$

编　号				2-4-15	2-4-16	2-4-17	2-4-18
项　目				广场砖铺设			
				规格（mm）			
				100×100	108×108	152×152	200×200
名　称			单位	消　耗　量			
人工	合计工日		工日	31.380	29.501	20.390	20.174
	其中	普工	工日	13.494	12.686	8.767	8.675
		一般技工	工日	17.886	16.815	11.623	11.499
材料	广场砖　100×100		m^2	102.000	—	—	—
	广场砖　108×108		m^2	—	102.000	—	—
	广场砖　152×152		m^2	—	—	102.000	—
	广场砖　200×200		m^2	—	—	—	102.000
	预拌抹灰砂浆（干拌）DP M20		m^3	2.050	2.050	2.050	2.050
	水		m^3	0.523	0.523	0.523	0.523
	其他材料费		%	1.50	1.50	1.50	1.50
机械	干混砂浆罐式搅拌机		台班	0.075	0.075	0.075	0.075

工作内容: 清理底层、找平、铺设、扫缝。　　　　**计量单位:** 100m²

编　　号				2-4-19	2-4-20
项　　目				人工铺植草砖	透水混凝土砖
名　　称			单位	消　耗　量	
人工	合计工日		工日	6.190	8.780
	其中	普工	工日	2.662	3.775
		一般技工	工日	3.528	5.005
材料	植草砖		m^2	102.000	—
	透水砖		m^2	—	102.000
	砂子(中粗砂)		m^3	2.377	2.377
	其他材料费		%	1.50	1.50

四、混凝土人行道

工作内容: 1. 混凝土底层:混凝土浇筑、捣固、抹平、养护等。
2. 1 ∶ 2 水泥砂浆面层:调制水泥砂浆、摊铺、抹光、养护。

编　　号				2-4-21	2-4-22	2-4-23
项　　目				混凝土底层	1 ∶ 2 水泥砂浆面层	
					厚度 20mm	
					分格	压花
				$10m^3$	$100m^2$	
名　　称			单位	消　耗　量		
人工	合计工日		工日	4.341	5.744	8.764
	其中	普工	工日	1.563	2.470	3.768
		一般技工	工日	2.778	3.274	4.996
材料	预拌混凝土 C20		m^3	10.100	—	—
	预拌抹灰砂浆(干拌)DP M20		m^3	—	2.050	2.050
	电		kW·h	1.810	—	—
	水		m^3	0.500	0.523	0.523
	其他材料费		%	1.50	1.50	1.50
机械	干混砂浆罐式搅拌机		台班	—	0.075	0.075

五、安砌侧(平、缘)石

1.垫　层

工作内容:运料、备料、拌和、摊铺、找平、洒水、夯实。　　**计量单位:**10m³

编号			2-4-24	2-4-25	2-4-26	2-4-27
项目			人工铺装垫层			
			炉渣	石灰土	预拌混凝土	砂
名称		单位	消耗量			
人工	合计工日	工日	4.504	6.987	3.922	3.581
其中	普工	工日	1.937	3.005	1.687	1.540
	一般技工	工日	2.567	3.982	2.235	2.041
材料	黄土	m^3	—	(15.444)	—	—
	预拌混凝土 C15	m^3	—	—	10.100	—
	焦渣	m^3	16.830	—	—	—
	生石灰	t	—	1.700	—	—
	砂子(中粗砂)	m^3	—	—	—	12.750
	水	m^3	2.043	1.333	1.905	0.152
	其他材料费	%	1.50	1.50	1.50	1.50

2. 侧缘石安砌

工作内容：放样、开槽、运料、调配砂浆、安砌、勾缝、养护、清理。　　**计量单位：**100m

编号				2-4-28	2-4-29	2-4-30	2-4-31
项目				侧石		缘石	
				混凝土	石质	混凝土	石质
名称			单位	消耗量			
人工	合计工日		工日	5.562	7.479	2.941	4.027
	其中	普工	工日	2.391	3.216	1.265	1.732
		一般技工	工日	3.171	4.263	1.676	2.295
材料	混凝土缘石		m	—	—	101.000	—
	混凝土立缘石		m	101.000	—	—	—
	石质立缘石 350×150		m	—	101.000	—	—
	石质缘石 300×150		m	—	—	—	101.000
	预拌地面砂浆（干拌）DS M15		m^3	0.050	0.050	0.010	0.010
	石灰砂浆 1 ∶ 3		m^3	0.824	0.820	0.620	0.620
	水		m^3	0.013	0.013	0.003	0.002
	其他材料费		%	1.50	1.50	1.50	1.50
机械	干混砂浆罐式搅拌机		台班	0.002	0.002	—	—

工作内容：挂线、开槽、运料、调配砂浆、安砌、勾缝、养护、清理。　　**计量单位：**100m

编号				2-4-32	2-4-33	2-4-34	2-4-35
项目				砖缘石（侧铺）		砖缘石（立铺）	
				单砖	双砖	单砖	双砖
名称			单位	消耗量			
人工	合计工日		工日	1.070	1.818	2.133	3.617
	其中	普工	工日	0.460	0.782	0.917	1.555
		一般技工	工日	0.610	1.036	1.216	2.062
材料	页岩砖 240×115×53		千块	0.402	0.804	0.804	1.650
	预拌砌筑砂浆（干拌）DM M5		m^3	0.020	0.160	0.100	0.450
	水		m^3	0.005	0.040	0.026	0.119
	其他材料费		%	1.50	1.50	1.50	1.50
机械	干混砂浆罐式搅拌机		台班	0.001	0.006	0.004	0.016

3. 侧平石安砌

工作内容：放样、开槽、运料、调配砂浆、安砌、勾缝、养护。　　　　**计量单位：**100m

编　号				2-4-36	2-4-37	2-4-38	2-4-39
项　目				连接型		分离型	
				勾缝	不勾缝	勾缝	不勾缝
名　称			单位	消　耗　量			
人工	合计工日		工日	12.290	11.275	14.357	12.699
	其中	普工	工日	5.285	4.848	6.173	5.461
		一般技工	工日	7.005	6.427	8.184	7.238
材料	混凝土连接型侧平石		m	101.000	101.000	—	—
	混凝土分离型侧平石		m	—	—	101.000	101.000
	预拌地面砂浆（干拌）DS M15		m^3	0.070	—	0.195	—
	水		m^3	0.017	—	0.050	—
	石灰砂浆 1 ∶ 3		m^3	—	—	0.310	0.310
	其他材料费		%	1.50	1.50	1.50	1.50
机械	干混砂浆罐式搅拌机		台班	0.003	—	0.007	—

六、现浇侧（平、缘）石

工作内容：浇筑、捣固、抹平、养生。　　　　**计量单位：**$10m^3$

编　号				2-4-40
项　目				现浇侧（平、缘）石
名　称			单位	消　耗　量
人工	合计工日		工日	9.477
	其中	普工	工日	4.075
		一般技工	工日	5.402
材料	预拌混凝土 C20		m^3	10.100
	水		m^3	5.500
	电		kW·h	3.627
	其他材料费		%	1.50

七、侧（平、缘）石模板

工作内容：模板制作、安装、涂脱模剂，模板拆除、修理、堆放。 **计量单位：**10m²

编号				2-4-41
项目				侧（平、缘）石模板
名称			单位	消耗量
人工	合计工日		工日	1.686
	其中	普工	工日	0.725
		一般技工	工日	0.961
材料	木模板		m^3	0.030
	钢模板		kg	5.900
	零星卡具		kg	12.050
	圆钉		kg	2.090
	脱模剂		kg	1.000
	其他材料费		%	1.50

八、检查井升降

工作内容：拆除旧窨井、升砌砖墙、抹内墙、清除废料、浇筑。 **计量单位：**座

编号				2-4-42	2-4-43	2-4-44
项目				检查井、窨井	单室雨水进水井	
				升高（mm）		
				300 以下		300 以上
名称			单位	消耗量		
人工	合计工日		工日	0.491	0.149	0.205
	其中	普工	工日	0.211	0.064	0.088
		一般技工	工日	0.280	0.085	0.117
材料	预拌混凝土 C20		m^3	—	0.009	0.009
	页岩砖 240×115×53		千块	0.108	0.031	0.048
	预拌抹灰砂浆（干拌）DP M20		m^3	0.015	0.006	0.009
	预拌砌筑砂浆（干拌）DM M7.5		m^3	0.050	0.028	0.036
	水		m^3	0.017	0.009	0.012
	其他材料费		%	1.50	1.50	1.50
机械	干混砂浆罐式搅拌机		台班	0.002	0.001	0.002

工作内容：1. 双室雨水进水井升高：拆除旧窨井、升砌砖墙、抹内墙、清除废料、浇筑。

2. 更换井盖（箅）：井盖（箅）安装。　　　　**计量单位：**座

编　　号				2-4-45	2-4-46	2-4-47
项　　目				双室雨水进水井		更换井盖（箅）
				升高（mm）		
				300 以下	300 以上	
名　　称			单位	消　耗　量		
人工	合计工日		工日	0.223	0.363	0.074
	其中	普工	工日	0.096	0.156	0.032
		一般技工	工日	0.127	0.207	0.042
材料	预拌混凝土 C20		m^3	0.023	0.023	—
	铸铁窨井箅		套	—	—	1.000
	页岩砖 240×115×53		千块	0.048	0.079	—
	预拌抹灰砂浆（干拌）DP M20		m^3	0.009	0.014	—
	预拌砌筑砂浆（干拌）DM M7.5		m^3	0.036	0.050	—
	水		m^3	0.012	0.016	—
	其他材料费		%	1.50	1.50	—
机械	干混砂浆罐式搅拌机		台班	0.002	0.002	—

九、砌 筑 树 池

工作内容：挂线、开槽、调配砂浆、运料、安砌、灌缝、找平、夯实、清理。　　　　**计量单位：**100m

编　　号				2-4-48	2-4-49
项　　目				混凝土块	石质条石
名　　称			单位	消　耗　量	
人工	合计工日		工日	2.514	2.911
	其中	普工	工日	1.081	1.251
		一般技工	工日	1.433	1.660
材料	混凝土预制块		m	101.000	—
	条石块		m	—	102.000
	预拌地面砂浆（干拌）DS M15		m^3	0.030	0.030
	水		m^3	0.008	0.008
	其他材料费		%	1.50	1.50
机械	干混砂浆罐式搅拌机		台班	0.001	0.001

工作内容：挂线、开槽、调配砂浆、运料、安砌、灌缝、找平、夯实、清理。　　　　**计量单位：**100m

编　号				2-4-50	2-4-51
项　目				单层	双层
				立砖	
名　称			单位	消　耗　量	
人工	合计工日		工日	3.217	4.154
	其中	普工	工日	1.383	1.786
		一般技工	工日	1.834	2.368
材料	页岩砖 240×115×53		千块	0.796	1.618
	预拌砌筑砂浆（干拌）DM M5		m^3	0.100	0.450
	水		m^3	0.026	0.115
	其他材料费		%	1.50	1.50
机械	干混砂浆罐式搅拌机		台班	0.004	0.016

十、多合土运输

工作内容：运输、自卸、场内洒水。　　　　**计量单位：**$10m^3$

编　号			2-4-52	2-4-53
项　目			自卸汽车运输	
			运距（km）	
			1 以内	每增 1
名　称		单位	消　耗　量	
机械	自卸汽车 8t	台班	0.104	0.029
	洒水车 4 000L	台班	0.006	—

十一、运输小型构件

1. 人力运输

工作内容：装车、运输、卸车、搭拆道板。　　**计量单位：**10m³

编号			2-4-54	2-4-55	2-4-56	2-4-57
项目			人力运输		双轮车运输	
			运距（m）			
			20	200以内每增减 20	50	500以内每增减 50
名称		单位	消耗量			
人工	合计工日	工日	3.400	0.567	2.851	0.275
	普工	工日	3.400	0.567	2.851	0.275

2. 汽车运输

工作内容：装车、运输、卸车。　　**计量单位：**10m³

编号			2-4-58	2-4-59	2-4-60
项目			人力装卸	机械装卸	运距每增 1km
			运距 1km		
名称		单位	消耗量		
人工	合计工日	工日	3.508	0.992	—
	普工	工日	3.508	0.992	—
机械	汽车式起重机 8t	台班	—	0.628	—
	载重汽车 8t	台班	0.810	0.688	0.085

十二、场内运混凝土(熟料)

1. 双轮车场内运输混凝土

工作内容:装车、运输、卸车。 **计量单位:**10m³

编号			2-4-61	2-4-62	2-4-63	2-4-64
项目			水泥混凝土(熟料)		沥青混凝土	
			运距(m)			
			50	500 以内每增加 50	50	500 以内每增加 50
名称		单位	消耗量			
人工	合计工日	工日	2.262	0.327	2.306	0.350
	普工	工日	2.262	0.327	2.306	0.350

2. 机动翻斗车运输混凝土

工作内容:机装、自卸、运输。 **计量单位:**10m³

编号			2-4-65	2-4-66	2-4-67	2-4-68
项目			水泥混凝土(熟料)		沥青混凝土	
			运距(m)			
			200	2 000 以内每增加 200	200	2 000 以内每增加 200
名称		单位	消耗量			
人工	合计工日	工日	0.995	—	2.306	—
	普工	工日	0.995	—	2.306	—
机械	机动翻斗车 1t	台班	0.815	0.143	0.833	0.143

十三、汽 车 运 水

工作内容：灌水、运水、放水。　　　　**计量单位：**100t

编　号			2-4-69	2-4-70
项　目			运距 1km	每增 1km
名　称		单位	消　耗　量	
人工	合计工日	工日	1.896	—
	普工	工日	1.896	—
机械	洒水车 4 000L	台班	2.984	0.394

第五章　交通管理设施

说　明

一、本章包括交通标志杆安装，门架安装，标志牌安装，视线诱导器，标线，标记，横道线，清除标线，环形检测线圈敷设，值警亭安装，道路隔离护栏安装，波形栏杆，隔离栅，架空走线安装，信号灯、灯架安装，设备控制机箱安装，防撞筒（墩）安装，警示柱，减速垄等项目。

二、交通标志杆、门架及标志牌均按成品考虑，其中标志牌成品未含反光膜。

三、交通标志杆安装未包含混凝土基础及预埋螺栓等内容，设计有要求时执行第三册《桥涵工程》、第九册《钢筋工程》相应项目。

四、标志牌安装分小型、大型标志牌，面积在 $1m^2$ 以内为小型标志牌，面积在 $1m^2$ 以外为大型标志牌。小型标志牌为普通板，大型标志牌为挤压板。标志牌安装是按地面组装，与标志杆进行连接、拼装成型考虑。采用其他方式安装，由各地区、部门自行制定调整办法。

五、附着式轮廓标安装于波形梁护栏或其他护栏上，已综合考虑各种安装方法。路面突起路标采用黏合剂黏合于混凝土或沥青路面上。

六、纵向标线包括中心线、边缘线和分道线，标记包括文字、字符及图形，横道线包括人行横道线、停止线及导流带标线等，其他标线的均按横道线相应项目执行。

七、标志牌、标志杆及门架安装的螺栓（垫圈、垫片），当设计与定额取定的材料规格及数量不同时，可以调整。

八、波形栏杆分单面、双面两类。单面指一根立柱单侧安装波形钢板护栏，双面指一根立柱两侧安装波形钢板护栏。

九、隔离栅栏中钢丝网面未包括型钢边框，若增加型钢边框，其费用另行计算。

十、设备控制机箱安装未包括混凝土基础，其费用另行计算。

十一、塑质隔离筒（墩）内灌水（砂）费用，另行计算。

十二、隔声板执行第三册《桥涵工程》相应项目。

十三、监控摄像机、数码相机、交通智能系统调试、交通预埋管线执行《通用安装工程消耗量》TY 02-31-2021 相应项目。

工程量计算规则

一、交通标志杆安装均按根计算，双柱标志杆两柱为一根。

二、标志牌按“块”为单位计算。

三、路面标线已包含各类油漆的损耗，普通标线按实体面积计算。文字、字符按单个标记的最大外围矩形面积计算，菱形、三角形、箭头标线按实体面积计算，图形按外框尺寸面积计算。

四、反光膜粘贴标志牌表面时按标志牌实际面积的 1.8 倍计算（不另计损耗）。反光膜粘贴于其他表面作警示用按实贴面积计算。

五、清除标线按设计图示尺寸以面积计算。

六、环形线圈敷设长度按实埋长度计算，其长度包括与控制箱相连的接入长度。

七、值警亭安装按设计图示以“座”为单位计算。

八、波形栏杆中钢管柱按柱的成品重量计算，波形钢板按波形钢板、端头板（包括端部稳定的锚定板、夹具、挡板）与撑架的总重量计算，柱帽、固定螺栓、连接螺栓、钢丝绳、螺母及垫圈等附件已综合在消耗量内，不得另行计算。

九、隔离栅钢筋混凝土立柱预制、安装均按构件混凝土体积计算。

十、隔离栅钢丝网面积按各网框外边缘所包围的净面积之和计算。

十一、架空走线按设计图示以长度计算。

十二、混凝土隔离墩按设计图示尺寸以体积计算。

十三、塑质隔离筒（墩）按设计图示以“个”为单位计算。

一、交通标志杆安装

工作内容：现场组装、整体起吊、就位固定、调整。　　**计量单位：**根

编　号				2-5-1	2-5-2	2-5-3
项　目				单柱杆	双柱杆	单悬杆
名　称			单位	消　耗　量		
人工	合计工日		工日	0.233	0.528	0.442
	其中	普工	工日	0.058	0.132	0.111
		一般技工	工日	0.175	0.396	0.331
材料	单柱杆		根	(1.000)	—	—
	双柱杆		根	—	(1.000)	—
	单悬杆		根	—	—	(1.000)
	六角螺母		10个	0.408	0.816	0.816
	垫圈(综合)		10个	0.408	0.816	0.816
	弹簧垫圈 M16~30		10个	0.408	0.816	0.816
	高强螺栓		套	—	—	16.320
	其他材料费		%	1.50	1.50	1.50
机械	汽车式起重机 8t		台班	0.055	0.313	0.174

工作内容：现场组装、整体起吊、就位固定、调整。　　**计量单位：**根

编　号				2-5-4	2-5-5
项　目				双悬杆	Y 型杆
名　称			单位	消　耗　量	
人工	合计工日		工日	1.013	0.258
	其中	普工	工日	0.253	0.064
		一般技工	工日	0.760	0.193
材料	双悬杆		根	(1.000)	—
	Y 型杆		根	—	(1.000)
	六角螺母		10个	0.816	0.816
	垫圈(综合)		10个	0.816	0.816
	弹簧垫圈 M16~30		10个	0.816	0.816
	高强螺栓		套	32.640	16.320
	其他材料费		%	1.50	1.50
机械	汽车式起重机 8t		台班	0.400	0.061

二、门 架 安 装

工作内容：现场组装、整体起吊、就位固定、调整。 **计量单位：**套

<table>
<tr><td colspan="3">编 号</td><td>2-5-6</td><td>2-5-7</td><td>2-5-8</td></tr>
<tr><td colspan="3" rowspan="3">项 目</td><td>中间法兰式</td><td colspan="2">两端悬臂式</td></tr>
<tr><td colspan="3">跨径（m）</td></tr>
<tr><td>22~32</td><td>3~9</td><td>9~20</td></tr>
<tr><td colspan="2">名 称</td><td>单位</td><td colspan="3">消 耗 量</td></tr>
<tr><td rowspan="3">人工</td><td>合计工日</td><td>工日</td><td>6.101</td><td>3.356</td><td>4.565</td></tr>
<tr><td>其中 普工</td><td>工日</td><td>1.525</td><td>0.839</td><td>1.141</td></tr>
<tr><td>其中 一般技工</td><td>工日</td><td>4.576</td><td>2.517</td><td>3.424</td></tr>
<tr><td rowspan="8">材料</td><td>中间法兰式门架</td><td>座</td><td>（1.000）</td><td>—</td><td>—</td></tr>
<tr><td>两边悬臂式门架（3~9m）</td><td>座</td><td>—</td><td>（1.000）</td><td>—</td></tr>
<tr><td>两边悬臂式门架（9~20m）</td><td>座</td><td>—</td><td>—</td><td>（1.000）</td></tr>
<tr><td>六角螺母</td><td>10个</td><td>1.632</td><td>1.632</td><td>1.632</td></tr>
<tr><td>垫圈（综合）</td><td>10个</td><td>1.632</td><td>1.632</td><td>1.632</td></tr>
<tr><td>弹簧垫圈 M16~30</td><td>10个</td><td>1.632</td><td>1.632</td><td>1.632</td></tr>
<tr><td>六角螺栓带螺母 M16×80</td><td>10套</td><td>57.600</td><td>16.320</td><td>32.640</td></tr>
<tr><td>其他材料费</td><td>%</td><td>1.50</td><td>1.50</td><td>1.50</td></tr>
<tr><td>机械</td><td>汽车式起重机 20t</td><td>台班</td><td>1.030</td><td>0.568</td><td>0.676</td></tr>
</table>

工作内容：现场组装、整体起吊、就位固定、调整。 **计量单位：**套

编号				2-5-9	2-5-10
项目				整梁式	
				跨径（m）	
				14~20	20~28
名称			单位	消耗量	
人工	合计工日		工日	5.590	5.971
	其中	普工	工日	1.398	1.493
		一般技工	工日	4.192	4.478
材料	整梁式门架（14~20m）		座	（1.000）	—
	整梁式门架（20~28m）		座	—	（1.000）
	六角螺母		10个	1.632	1.632
	垫圈（综合）		10个	1.632	1.632
	弹簧垫圈 M16~30		10个	1.632	1.632
	六角螺栓带螺母 M16×80		10套	32.640	57.600
	其他材料费		%	1.50	1.50
机械	汽车式起重机 20t		台班	0.735	1.010

三、标志牌安装

工作内容：现场组装、与标志杆之间的连接、拼装成型、调整。 **计量单位：**块

编号				2-5-11	2-5-12
项目				小型	大型
名称			单位	消耗量	
人工	合计工日		工日	0.219	0.814
	其中	普工	工日	0.055	0.204
		一般技工	工日	0.164	0.610
材料	标志牌		块	（1.000）	（1.000）
	抱箍U型		套	4.080	24.480
	高强螺栓		套	4.080	24.480
	其他材料费		%	1.50	1.50

工作内容：现场组装、与标志杆之间的连接、拼装成型、调整。　　计量单位：块

编号				2-5-13	2-5-14
项目				大型	
				悬臂杆	门架杆
名称			单位	消耗量	
人工	合计工日		工日	0.314	0.398
	其中	普工	工日	0.079	0.100
		一般技工	工日	0.236	0.298
材料	标志牌		块	(1.000)	(1.000)
	抱箍U型		套	57.600	57.600
	高强螺栓		套	57.600	57.600
	其他材料费		%	1.50	1.50

四、视线诱导器

工作内容：定位划线、钻孔、开凿基坑、安装、清扫。　　计量单位：100个

编号				2-5-15	2-5-16	2-5-17
项目				附着式	柱式	路面突起路标
				轮廓标		
名称			单位	消耗量		
人工	合计工日		工日	4.316	12.680	2.598
	其中	普工	工日	1.079	3.170	0.649
		一般技工	工日	3.237	9.510	1.949
材料	附着式轮廓标		个	(100.000)	—	—
	柱式轮廓标		个	—	(100.000)	—
	路面突起标		个	—	—	(100.000)
	万能胶 环氧树脂		kg	—	—	5.200
	沉头螺钉 M16×25		套	204.000	204.000	—
	其他材料费		%	1.50	1.50	1.50
机械	载重汽车 8t		台班	0.780	2.250	0.462

五、标　　线

工作内容：清扫路面、定位放线、涂料制备、涂敷、漆划、养护。　　**计量单位：**$100m^2$

编　　号				2-5-18	2-5-19	2-5-20	2-5-21
项　　目				纵向标线			
				常温漆	加热型漆	热熔涂料	
						普通型	振荡型
名　　称			单位	消　耗　量			
人工	合计工日		工日	1.202	1.514	2.020	3.986
	其中	普工	工日	0.301	0.378	0.505	0.997
		一般技工	工日	0.901	1.136	1.515	2.989
材料	常温涂料		kg	(44.370)	—	—	—
	加热型涂料		kg	—	(51.000)	—	—
	底漆		kg	—	—	(23.856)	(23.856)
	热熔标线涂料		kg	—	—	(450.000)	(900.000)
	稀释剂		kg	1.674	1.957	—	—
	反光材料(玻璃珠)		kg	—	—	40.000	40.000
	其他材料费		%	1.50	1.50	1.50	1.50
机械	载重汽车 8t		台班	0.300	0.414	0.375	0.594
	热熔釜溶解车		台班	—	—	0.625	0.990
	热熔划线车 手推式		台班	—	—	0.625	0.990
	路面喷涂机		台班	0.500	0.690	—	—

六、标　　记

工作内容： 清扫路面、定位放线、涂料制备、涂敷、漆划、养护。 **计量单位：** $100m^2$

编　号				2-5-22	2-5-23	2-5-24
项　目				文字、字符、图形标记		
				常温漆	热熔涂料	加热型漆
名　称			单位	消　耗　量		
人工	合计工日		工日	10.947	12.511	10.947
	其中	普工	工日	2.737	3.128	2.737
		一般技工	工日	8.210	9.383	8.210
材料	常温涂料		kg	(44.370)	—	—
	热熔标线涂料		kg	—	(450.000)	—
	加热型涂料		kg	—	—	(51.000)
	底漆		kg	—	(23.856)	—
	稀释剂		kg	1.480	—	1.730
	反光材料(玻璃珠)		kg	—	40.000	—
	其他材料费		%	1.50	1.50	1.50
机械	载重汽车 8t		台班	0.370	0.370	0.370
	热熔釜溶解车		台班	—	0.617	—
	热熔划线车 手推式		台班	—	0.670	—
	路面喷涂机		台班	0.617	—	0.617

工作内容： 清洁路面、定位防线、涂料制备、涂敷、养护。 **计量单位：** m^2

编　号				2-5-25	2-5-26
项　目				预制成型标线(字符)	反光膜粘贴
名　称			单位	消　耗　量	
人工	合计工日		工日	0.161	0.371
	其中	普工	工日	0.041	0.093
		一般技工	工日	0.121	0.279
材料	预制成型标线(字符)		m^2	(1.000)	—
	反光膜		m^2	—	(1.000)
	环氧树脂		kg	1.030	—
	黏结剂 CX-404		kg	—	0.500
	其他材料费		%	1.50	1.50

七、横 道 线

工作内容：清扫路面、定位放线、涂料制备、涂敷、漆划、养护。 **计量单位：**100m²

编 号				2-5-27	2-5-28	2-5-29	2-5-30
项 目				横道线			
				常温漆	加热型漆	热熔涂料	
						普通型	振荡型
名 称			单位	消 耗 量			
人工	合计工日		工日	6.855	7.376	8.852	12.049
	其中	普工	工日	1.714	1.844	2.213	3.012
		一般技工	工日	5.141	5.532	6.639	9.037
材料	常温涂料		kg	(44.000)	—	—	—
	加热型涂料		kg	—	(51.000)	—	—
	热熔标线涂料		kg	—	—	(450.000)	(900.000)
	底漆		kg	—	—	(23.850)	(23.850)
	反光材料(玻璃珠)		kg	—	—	40.000	40.000
	稀释剂		kg	1.697	1.923	—	—
	其他材料费		%	1.50	1.50	1.50	1.50
机械	载重汽车 8t		台班	1.018	1.092	1.092	1.116
	热熔釜溶解车		台班	—	—	1.820	1.860
	热熔划线车 手推式		台班	—	—	1.820	1.860
	路面喷涂机		台班	1.696	1.820	—	—

八、清 除 标 线

工作内容：清除油漆、清扫现场。

计量单位：m^2

编号				2-5-31	2-5-32
项目				机械清除	化学清除
名称			单位	消耗量	
人工	合计工日		工日	0.025	0.416
	其中	普工	工日	0.006	0.104
		一般技工	工日	0.019	0.312
材料	脱漆剂		kg	—	2.050
	铲铣机砂轮片		片	0.020	—
	其他材料费		%	1.50	1.50
机械	载重汽车 8t		台班	0.020	—
	电动路面铣刨机 7.5kW		台班	0.007	—

九、环形检测线圈敷设

工作内容：1. 开切线槽灌缝：定位划线、开切线槽、清洗、吹干灌缝。

2. 布设导线线圈、布设导线引线：导线放置、复测绝缘固定、引线穿设与线圈连接。

计量单位：100m

编号				2-5-33	2-5-34	2-5-35
项目				开切线槽灌缝	布设导线线圈	布设导线引线
名称			单位	消耗量		
人工	合计工日		工日	10.448	1.132	1.524
	其中	普工	工日	2.612	0.283	0.381
		一般技工	工日	7.836	0.849	1.143
材料	环氧树脂		kg	32.640	—	—
	铜芯塑料绝缘软电线 BVR-2.5mm^2		m	—	101.000	—
	铜芯塑料绝缘绞型电线 RVS-2×2.5mm^2		m	—	—	102.000
	刀片 *D*450		片	0.800	—	—
	热缩套管 $\phi 6$		个	—	—	10.000
	水		m^3	15.000	—	—
	其他材料费		%	1.50	1.50	1.50
机械	载重汽车 8t		台班	0.806	—	—
	电动空气压缩机 0.6m^3/min		台班	1.344	—	—
	混凝土切缝机		台班	1.344	—	—

十、值警亭安装

工作内容：定位、现场起吊、安装、校准等。　　**计量单位：**座

编号				2-5-36
项目				值警亭
名称			单位	消耗量
人工	合计工日		工日	2.408
	其中	普工	工日	0.602
		一般技工	工日	1.806
材料	值警亭		套	（1.000）
	其他材料费		%	1.50
机械	载重汽车 8t		台班	0.448
	汽车式起重机 12t		台班	0.442

十一、道路隔离护栏安装

工作内容：定点、放线、卸车、拼装、摆放、校正、膨胀螺栓固定或预埋固定、清理现场。　**计量单位：**100m

编号				2-5-37	2-5-38	2-5-39
项目				活动式	固定式	
					膨胀螺栓	预埋
名称			单位	消耗量		
人工	合计工日		工日	2.767	4.439	3.520
	其中	普工	工日	0.692	1.110	0.880
		一般技工	工日	2.075	3.330	2.640
材料	活动式分隔栏		m	（100.000）	—	—
	固定式分隔栏		m	—	（100.000）	（100.000）
	膨胀螺栓 M10×80		套	—	40.800	—
	其他材料费		%	1.50	1.50	1.50
机械	载重汽车 8t		台班	0.280	0.448	0.344

十二、波形栏杆

工作内容： 1. 基础：挖基、浇筑混凝土、养护、回填。
2. 钢管立柱：切割、焊接、钻孔、人工挖埋或打桩机打钢管柱、浇筑柱脚混凝土。
3. 波形栏杆：安装波形栏杆。

编号				2-5-40	2-5-41	2-5-42	2-5-43	2-5-44
项目				基础	钢管立柱		波形栏杆	
					埋入	打入	单面	双面
				$10m^3$	t			
名称			单位	消耗量				
人工	合计工日		工日	16.628	6.743	3.269	0.289	0.289
	其中	普工	工日	4.157	1.686	0.817	0.072	0.072
		一般技工	工日	12.471	5.057	2.452	0.217	0.217
材料	钢丝绳		kg	—	—	—	7.000	—
	高强螺栓		kg	—	—	—	52.400	38.900
	预拌混凝土 C20		m^3	10.100	—	—	—	—
	波形钢板		t	—	—	—	1.000	1.000
	钢板		kg	—	32.000	25.000	—	—
	钢管		t	—	1.040	1.040	—	—
	电焊条 L-60ϕ3.2		kg	—	6.000	4.800	—	—
	水		m^3	9.524	—	—	—	—
	其他材料费		%	0.50	0.50	0.50	—	—
机械	载重汽车 8t		台班	—	0.376	0.376	0.063	0.063
	交流弧焊机 32kV·A		台班	—	1.030	0.788	—	—
	轨道式柴油打桩机 6t		台班	—	—	0.296	—	—
	电动夯实机 250N·m		台班	—	1.953	—	—	—

十三、隔　离　栅

1. 立　　柱

工作内容： 1. 钢筋混凝土立柱预制：混凝土浇筑、捣固、抹平、养生。
2. 钢筋混凝土立柱安装：整修构件、起吊、安装、就位、固定等。
3. 立柱：钢管、型钢及斜撑、地锚螺栓加工制作、安装。

编　　号				2-5-45	2-5-46	2-5-47	2-5-48
项　　目				钢筋混凝土立柱		钢管立柱	型钢立柱
				预制	安装		
				$10m^3$		t	
名　　称			单位	消　耗　量			
人工	合计工日		工日	16.040	5.427	7.672	16.686
	其中	普工	工日	4.010	1.357	1.918	4.172
		一般技工	工日	12.030	4.070	5.754	12.515
材料	预拌混凝土 C25		m^3	10.100	—	—	—
	水		m^3	11.952	—	—	—
	电		kW·h	5.181	—	—	—
	圆木		m^3	—	0.120	—	—
	焊接钢管 *DN*50		m	—	—	0.267	—
	型钢立柱		t	—	—	—	1.010
	型钢（综合）		t	—	—	0.788	—
	电焊条 L-60 ϕ 3.2		kg	—	—	9.400	—
	铁件（综合）		kg	—	—	21.400	5.800
	圆钢 ϕ 10		kg	—	—	—	36.000
	其他材料费		%	—	—	1.50	1.50
机械	机动翻斗车 1t		台班	1.012	—	—	—
	汽车式起重机 8t		台班	—	3.265	—	—
	载重汽车 8t		台班	—	—	0.941	3.521
	交流弧焊机 21kV·A		台班	—	—	1.935	1.935

2. 网　面

工作内容： 1. 金属网面挂设、框架式网片安装：挂网、编织网安装加强钢丝及花篮螺栓。
2. 刺铁丝：刺铁丝截丝、挂丝、绑扎等。

编　号				2-5-49	2-5-50	2-5-51
项　目				金属网面挂设	框架式网片安装	刺铁丝
				100m²		t
名　称			单位	消　耗　量		
人工	合计工日		工日	8.315	7.847	63.351
	其中	普工	工日	2.079	1.962	15.838
		一般技工	工日	6.236	5.885	47.513
材料	框架式网片		m^2	—	101.000	—
	镀锌铁丝（综合）		kg	29.800	—	22.500
	钢板网		m^2	102.500	—	—
	电焊条 L-60 ϕ 3.2		kg	34.400	—	—
	花篮螺栓 M6×120		套	1.900	—	—
	刺铁丝		t	—	—	1.040
	其他材料费		%	1.50	1.50	—
机械	交流弧焊机 21kV·A		台班	0.744	—	—

十四、架空走线安装

工作内容： 定位、放线、架设、紧线、绑扎。　　**计量单位：** 100m

编　号				2-5-52
项　目				信号灯架空走线
名　称			单位	消　耗　量
人工	合计工日		工日	2.939
	其中	普工	工日	0.735
		一般技工	工日	2.204
材料	电缆 35mm²		m	103.000
	钢丝绳 ϕ 8		m	103.000
	电缆挂钩		只	200.000
	喉卡		个	16.000
	其他材料费		%	1.50
机械	载重汽车 8t		台班	0.053
	平台作业升降车 20m		台班	0.088

十五、信号灯、灯架安装

工作内容：现场拼装、安装、调整、固定、接线、初步调试。　　　　**计量单位：**套

编号				2-5-53	2-5-54	2-5-55
项目				立柱式	附着式	悬臂式灯架
名称			单位	消耗量		
人工	合计工日		工日	0.349	0.249	1.252
	其中	普工	工日	0.087	0.062	0.313
		一般技工	工日	0.262	0.187	0.939
材料	交通信号灯		套	（1.000）	（1.000）	—
	悬臂式信号灯架		组	—	—	（1.000）
	其他材料费		%	1.50	1.50	1.50
机械	载重汽车 8t		台班	0.050	0.035	0.127
	汽车式起重机 8t		台班	0.083	—	0.212
	平台作业升降车 20m		台班	—	0.059	0.212

十六、设备控制机箱安装

工作内容：就位、安装、固定、接线、调试。　　　　**计量单位：**只

编号				2-5-56	2-5-57
项目				悬挂式	落地式
名称			单位	消耗量	
人工	合计工日		工日	2.015	4.030
	其中	普工	工日	0.504	1.007
		一般技工	工日	1.511	3.023
材料	信号机		台	（1.000）	（1.000）
	信号机箱底座		只	—	（1.000）
	设备控制箱		套	（1.000）	—
	落地式信号机箱		只	—	（1.000）
	圆箍		副	1.000	—
	托架（综合）		个	1.000	—
	穿线管 $\phi 60$		根	1.000	—
	其他材料费		%	1.50	1.50
机械	载重汽车 8t		台班	0.067	0.067
	交流弧焊机 32kV·A		台班	0.111	—

十七、防撞筒（墩）安装

工作内容：1. 混凝土隔离墩：放样、运料、调配砂浆、安砌、养护、清理。
2. 塑质隔离筒（墩）：卸车、摆放、调正。

编号				2-5-58	2-5-59
项目				混凝土隔离墩	塑质隔离筒（墩）
				$10m^3$	10个
名称			单位	消耗量	
人工	合计工日		工日	5.151	0.099
	其中	普工	工日	1.288	0.025
		一般技工	工日	3.863	0.074
材料	塑料防撞锥筒		个	—	（10.000）
	预制混凝土隔离墩		m^3	10.100	—
	预拌地面砂浆（干拌）DS M15		m^3	0.610	—
	其他材料费		%	1.50	1.50
机械	载重汽车 12t		台班	0.716	0.016
	汽车式起重机 8t		台班	0.726	—
	干混砂浆罐式搅拌机		台班	0.025	—

十八、警　示　柱

工作内容：1. 警示柱：挖土、安装固定、浇筑、捣固及养护。

2. 广角镜安装：卸车、拆箱、拼装、安装、校正等。

计量单位：个

编　号				2-5-60	2-5-61
项　目				警示柱	广角镜安装
名　称			单位	消　耗　量	
人工	合计工日		工日	0.196	0.198
	其中	普工	工日	0.049	0.050
		一般技工	工日	0.147	0.148
材料	警示柱		个	(1.000)	—
	广角镜		个	—	(1.000)
	预拌混凝土 C20		m^3	0.124	—
	风镐凿子		根	0.042	—
	其他材料费		%	1.50	1.50
机械	平台作业升降车 20m		台班	—	0.077
	载重汽车 8t		台班	0.016	0.046
	电动空气压缩机 0.6m^3/min		台班	0.027	—

十九、减　速　垄

工作内容：放线、钻孔、安装、清扫。

计量单位：m

编　号				2-5-62
项　目				减速垄
名　称			单位	消　耗　量
人工	合计工日		工日	0.102
	其中	普工	工日	0.026
		一般技工	工日	0.076
材料	减速垄		m	1.010
	膨胀螺栓 M10		10套	0.204
	环氧树脂		kg	0.255
	电		kW·h	0.125
	其他材料费		%	1.50

附　　录

1. 普通沥青混凝土路面配合比

表 1　细粒式普通沥青混凝土路面配合比

编号	名称	规格	矿料配合比（%）					
			碎石（mm）		砂	矿粉	沥青用量（%）外加	单位重（t/m^3）
			13	5				
1	细粒式沥青混凝土	AC–13	51	29	16	4	5.2	2.35

表 2　中粒式普通沥青混凝土路面配合比

编号	名称	规格	矿料配合比（%）							
			碎石（mm）					矿粉	沥青用量（%）外加	单位重（t/m^3）
			15~18	11~15	7~11	3~7	0~3			
2	中粒式沥青混凝土	AC–16	17	14	15	17	32	5	4.9	2.36

表 3　粗粒式普通沥青混凝土路面配合比

编号	名称	规格	矿料配合比（%）									
			碎石（mm）							矿粉	沥青用量（%）外加	单位重（t/m^3）
			26~31	21~26	16~21	11~16	7~11	3~7	0~3			
3	粗粒式沥青混凝土	AC–25	15	10	11	11	12	15	22	4	4.1	2.37

2. 改性沥青混凝土路面配合比

表 1 细粒式改性沥青混凝土路面配合比

编号	名称	规格	矿料配合比（%）						
			碎石（mm）				矿粉	沥青用量（%）外加	单位重（t/m^3）
			11~16	7~11	3~7	0~3			
1	细粒式沥青混凝土	AC-13	15	28	15	38	4	5.3	2.35

表 2 中粒式改性沥青混凝土路面配合比

编号	名称	规格	矿料配合比（%）							
			碎石（mm）					矿粉	沥青用量（%）外加	单位重（t/m^3）
			15~18	11~15	7~11	3~7	0~3			
2	中粒式沥青混凝土	AC-16	13	21	18	16	28	4	5.0	2.36

表 3 粗粒式改性沥青混凝土路面配合比

编号	名称	规格	矿料配合比（%）									
			碎石（mm）							矿粉	沥青用量（%）外加	单位重（t/m^3）
			26~31	21~26	16~21	11~16	7~11	3~7	0~3			
3	粗粒式沥青混凝土	AC-25	14	12	12	11	12	15	20	4	4.2	2.37

主编单位：湖北省建设工程标准定额管理总站
专业主编单位：湖北省建设工程标准定额管理总站
参编单位：中建三局基础设施建设投资有限公司
武汉市市政建设集团有限公司
武汉市汉阳市政建设集团有限公司
计价依据编制审查委员会综合协商组：胡传海 王海宏 吴佐民 王中和 董士波
冯志祥 褚得成 刘中强 龚桂林 薛长立
杨廷珍 汪亚峰 蒋玉翠 汪一江
计价依据编制审查委员会专业咨询组：杨廷珍 汪一江 潘卓强 杜浐阳 庞宗琨
王 梅 高雄映
编制人员：刘中强 朱杰峰 柯经安 潘卓强 彭 博 梅耀辉 张 雪 李 俊
唐汉高 康馨蕊 陈 帆 孙 帆 王 敏 王豫婉 徐梦熊 王书鹏
审查专家：龚桂林 汪亚蜂 王兆健 孙 璐 徐佩莹 熊淑芳 徐作民
软件支持单位：成都鹏业软件股份有限公司
软件操作人员：杜 彬 赖勇军 可 伟 孟 涛